Das Lernverhalten der Pferde

Das Lernverhalten der Pferde

Über den intelligenten Umgang mit Pferden

von Linda Weritz

CADMOS

Gestaltung und Satz: Ravenstein + Partner, Verden
Lektorat: Anneke Bosse
Titelfoto: Christiane Slawik
Druck: Nørhaven Book, Viborg

Printed in Denmark

ISBN 3-86127-420-5

Inhalt

Einleitung

Schon als Kind interessierte es mich, wie Pferde denken, wie ihr Weltbild aussieht und wie man die bestmögliche Beziehung zu ihnen aufbauen kann. Von Fury, Flicka und Black Beauty beeinflusst war ich enttäuscht, dass es sich vielfach um bloße Dressur handelte. Ich war auf der Suche nach den Geheimnissen einer freundschaftlichen, engen Partnerschaft zu Pferden ohne ständige Verfütterung von Leckerchen. Ich wollte wissen, wie man Probleme und Herausforderungen gewaltfrei meistert, wie man sich mit Pferden verständigt und wie weit diese Verständigung gehen kann. Ich begab mich auf die Suche nach den Antworten und studierte bei renommierten Trainern – die Pferde waren und sind jedoch meine größten Lehrmeister.

Dieses Buch gibt einen Überblick über die spezifische Lernpsychologie der Pferde, beschreibt Lerntheorien und zeigt umfassend verschiedene Möglichkeiten auf, mit denen wir Menschen das Verhalten der Pferde zu unserer beider Vorteil beeinflussen können. Mein Bestreben ist es, das Wissen zu verbreiten und die Freude darüber zu vermitteln, Pferde gewaltfrei und intelligent auszubilden.

Leider muss ich Ihnen mitteilen, dass Sie nach der Lektüre dieses Buches nicht besser reiten werden oder hier erfahren, wie Ihr Pferd eine perfekte Traversale ausführt. Diese wichtigen Informationen sind anderen Publikationen vorbehalten. Wenn Ihr Pferd bereits eingeritten war oder schon eine wie auch immer gestaltete Ausbildungskarriere hinter sich hatte, bevor es in Ihre Obhut kam, zeigt Ihnen dieses Buch, was und wie Ihr Pferd in der Vergangenheit gelernt hat und welche Aspekte in der Erziehung und Ausbildung möglicherweise vernachlässigt oder fehlerhaft ausgeführt wurden. Dann können Sie sich mithilfe dieses Buches an die Arbeit begeben und das Versäumte nachholen: Alle dargestellten Lerntheorien und Trainingsvorschläge sind im Buch rein zwekkmäßig bestimmten Altersphasen zugeordnet. Sie lassen sich aber natürlich auch bei erwachsenen Pferden anwenden. Ein großer Teil ist der Erziehung des Fohlens gewidmet, da ich

Auch dies sollte ein junges Pferd lernen: Ausreiten in Begleitung erfahrener Artgenossen. Foto: Slawik

hoffe, dass verantwortungsvolle Züchter und Besitzer zukünftig mehr Wert auf eine alters- und artgerechte Ausbildung der jungen Pferde legen.

Dieses Buch gibt keinen Überblick über das komplette artspezifische Verhalten und das wesensgemäße Kommunikationssystem des Pferdes und es ist auch keine Abhandlung über erfolgreiche Problemkorrektur. Dies sind eigene, komplexe Themen, die hier nur am Rande behandelt werden.

Das Lernverhalten der Pferde an sich ist ein faszinierendes Thema, mit dem sich jeder verantwortungsvolle Pferdeliebhaber auseinandersetzen sollte. Wenn wir Kenntnis darüber erlangen, wie Pferde am leichtesten lernen und motiviert mitarbeiten, ist die beste Voraussetzung dafür geschaffen, um zu ihnen eine freundschaftliche und harmonische Beziehung aufbauen zu können.

Was ein Pferd bis zum vierten Lebensjahr lernen sollte:

1.	Den Menschen nicht als Feind oder Raubtier, sondern als ein zwar artfremdes, aber angenehmes Wesen akzeptieren.
2.	Den Menschen als ranghöheres Wesen akzeptieren aufgrund seiner geschulten Fähigkeit, für das Pferd Verantwortung zu übernehmen.
3.	Geputzt werden.
4.	Aufgehalftert werden, geführt werden, angebunden stehen und stillstehen.
5.	Wasser aus dem Schlauch und eine Sprühflasche akzeptieren.
6.	Hufe geben und den Hufschmied akzeptieren.
7.	Sich vom Tierarzt untersuchen lassen.
8.	Sich an der Hand des Menschen vorwärts, seitwärts und rückwärts dirigieren lassen und über verschiedene Untergründe gehen.
9.	Alleine bleiben.
10.	Verladegamaschen akzeptieren und verladen werden.
11.	Longiergurt akzeptieren.
12.	Arbeit an der Doppellonge.
13.	Die erste Trense akzeptieren.
14.	Den ersten Sattel akzeptieren.
15.	Das erste Reitergewicht akzeptieren.
16.	Auf Hilfen kombiniert vom Boden und vom Sattel aus reagieren.
17.	Ohne Hilfe vom Boden alleine geritten werden können.
18.	Mit erfahrenem Begleitpferd gemeinsam im Gelände geritten werden.
19.	In Turnieratmosphäre gelassen bleiben.
20.	Fremde Gegenstände und Sinneseindrücke akzeptieren (Vorbereitung auf die Gelassenheitsprüfung).

1

Überlebenswichtig:
Lernen und Intelligenz

Lernen wird in der Psychologie definiert als eine dauerhafte (im Gegensatz zu einer vorübergehenden) Änderung des Verhaltens und von Verhaltenspotenzialen, die durch Übung und Erziehung erfolgt.

Lernen ist eine fundamentale Basis für das Überleben der Spezies Pferd – sowohl für das einzelne Individuum als auch für die Tierart insgesamt. Das Lernen dient ganz allgemein dazu, dass sich ein Lebewesen seiner Umwelt immer besser anpassen kann. Für ein Pferd, das bestimmte Situationen in seinem Leben immer wieder erlebt, wäre es sehr aufwändig und unpraktisch, wenn es jedes Mal erneut ausprobieren müsste, wie es sich in dieser Situation am besten verhält.

Natürlich verfügen Pferde über angeborene, genetisch festgelegte Verhaltensweisen, die sie bei bestimmten Auslösern automatisch zeigen. Diese allein jedoch würden nicht ausreichen, um ihr Überleben zu sichern. Wären Pferde reine Instinktwesen, müsste eine enorme Anzahl vorprogrammierter Verhaltensweisen vorhanden sein, die sich nur über Generationen hinweg langsam verändern ließen. Jeder, der mit Pferden umgeht, weiß jedoch, wie gut sich die Tiere anderen Lebensumständen anpassen können, wie sie sich an Dinge erinnern und dementsprechend verhalten. Wie viele andere Lebewesen auch hat das Pferd im Laufe seiner Evolution die Fähigkeit zum Lernen entwickelt.

Diese Lernfähigkeit gehört zu den zentralen Eigenschaften, die aus dem Pferd einen idealen Partner des Menschen gemacht haben – und das seit nunmehr rund 6000 Jahren, als in Südosteuropa die ersten Pferde domestiziert wurden. Jedes Pferd ist eine individuelle Persönlichkeit, und dementsprechend ist auch sein jeweiliges Lernpotenzial – bedingt durch vererbte Komponenten und äußere Einflüsse zum Beispiel bei der Aufzucht – ganz individuell festgelegt. Grundsätzlich aber gilt: Hat ein Pferd gewisse Fähigkeiten einmal erlernt, können weitere Dinge darauf aufgebaut werden.

Intelligenz lässt sich auf vielfältige Art und Weise definieren. Wenn es um das vorausschauende Denken und Planen geht, sind beim Pferd sicherlich Grenzen gesetzt, obwohl einzelne Tiere auch hier besondere Leistungen vollbringen. Dies sollte Sie jedoch nicht zu der Annahme verleiten, dass Ihr Pferd abends vor dem Turnier in der Box steht und darüber nachdenkt, welche Fehler es einbauen kann, um Ihre gemeinsame Wertnote zu drücken. Definiert man Intelligenz aber über das Vermögen der Speicherung von Erinnerungen sowie über eine schnelle Auffassungsgabe, dann muss das Pferd als intelligent angesehen werden.

Es liegt an uns als Züchter, Besitzer, Trainer und allgemein als Pferdeliebhaber, die richtigen Lehrmethoden anzuwenden und zugleich der wunderbaren Kreatur Pferd mit Liebe und Respekt zu begegnen – dann können wir je nach Veranlagung des Pferdes sehr schnelle und für beide Seiten mit viel Freude verbundene Lernergebnisse erzielen.

Lernen im Fohlenalter: Gehen wir mit einem jungen Pferd liebe- und respektvoll um, wird es Vertrauen zu uns fassen und neuen Dingen neugierig und aufgeschlossen begegnen. Foto: Maierhofer

1.1 Zeichensprache: Lernen und Kommunikation

Lernen funktioniert über Kommunikation: Das Pferd benötigt von uns bestimmte Zeichen und Signale in Form von Stimmhilfen, Mimik und Körpersprache, die es umsetzt und durch unsere Rückmeldungen auf sein gezeigtes Verhalten interpretiert. Daher ist es sehr wichtig, sich

Mensch und Pferd im Dialog: Gegenseitige, eindeutige Zeichen bilden die Grundlage einer gelungenen Kommunikation als Basis für die Zusammenarbeit.
Foto: Slawik

mit dem spezifischen Kommunikationssystem des Pferdes zu beschäftigen und es in Training und Erziehung zu beachten und anzuwenden.

Auf jeden Fall sollten Sie sich die Zeit nehmen, Pferde in der Herde bei ihrer natürlichen Kommunikation innerhalb ihrer sozialen Gruppe zu beobachten. In diesem Buch kann es nicht ausführlich um die Kommunikation zwischen Mensch und Pferd gehen; hier erläutert werden nur die grundlegenden Signale und Zeichen, die wir als Menschen in der Ausbildung und Erziehung des Pferdes gebrauchen. Wer sich darüber hinaus für das Kommunikationssystem des Pferdes interessiert und die „Sprache" des Pferdes erlernen möchte, findet entsprechende Fachliteratur und Möglichkeiten der Schulung unter kompetenter Anleitung.

1.2 Verknüpfungen im Gehirn: Lernen als Prozess

Die Hirnforschung der letzten Jahre hat genau entschlüsselt, in welchen Bereichen des Gehirns das Lernen stattfindet und welche chemischen Botenstoffe dabei benötigt werden. Jeder Prozess des Lernens und der Gewöhnung läuft im Gehirn ab und wird dort etabliert. Einzige Ausnahme sind die reflexartigen Reaktionen, die über das Rückenmark gesteuert werden.

Der Lernprozess selbst ist ein relativ klar zu beschreibendes Phänomen: Er entsteht durch eine Verknüpfung – entweder zwischen zwei unterschiedlichen Signalen oder zwischen einem Signal und einem bestimmten Verhalten. Wichtig dabei ist, dass die beiden Bestandteile zeitlich dicht aufeinander folgen.

Maximal drei Sekunden dürfen verstreichen, damit ein Pferd die Verbindung herstellen kann. Zur Verankerung im Langzeitgedächtnis sind einige Wiederholungen dieser Lernprozesse notwendig. Da Pferde ein sehr gutes Erinnerungsvermögen besitzen, genügen im Idealfall bei einfachen Verknüpfungen lediglich drei Wiederholungen. Schwierigere Lerninhalte müssen häufiger geübt, also sauber miteinander verknüpft werden. Dabei ist zu beachten, dass Pferde kontextbezogen lernen: Wenn also zum Beispiel eine Übung bei Sonnenschein auf dem Reitplatz gut klappt, heißt dies nicht zwangsläufig, dass sie am übernächsten Tag bei Wind und Regen auf dem Paddock ebenfalls tadellos gezeigt wird. Daher sollte man neue Übungen einige Male am gleichen Ort wiederholen und erst dann aus ihrem gewohnten Kontext herausnehmen, wenn sie sicher abrufbar sind. Je nach Lernfähigkeit des einzelnen Pferdes und dem Geschick des Trainers kann das Pferd das Kommando für die Übung schließlich von allen Orten und Situationen differenzieren.

Aus wissenschaftlicher Sicht erfolgt das Lernen in vier verschiedenen Stadien, wobei jedes Stadium einen Lernschritt beinhaltet, der auf dem vorangehenden aufbaut:

1. Unbewusste Inkompetenz („Wir wissen nicht, dass wir es nicht können.“)
2. Bewusste Inkompetenz („Wir wissen, dass wir es nicht können.“)
3. Bewusste Kompetenz („Wir wissen, dass wir es können.“)
4. Unbewusste Kompetenz („Wir wenden unser Können unbewusst an.“)

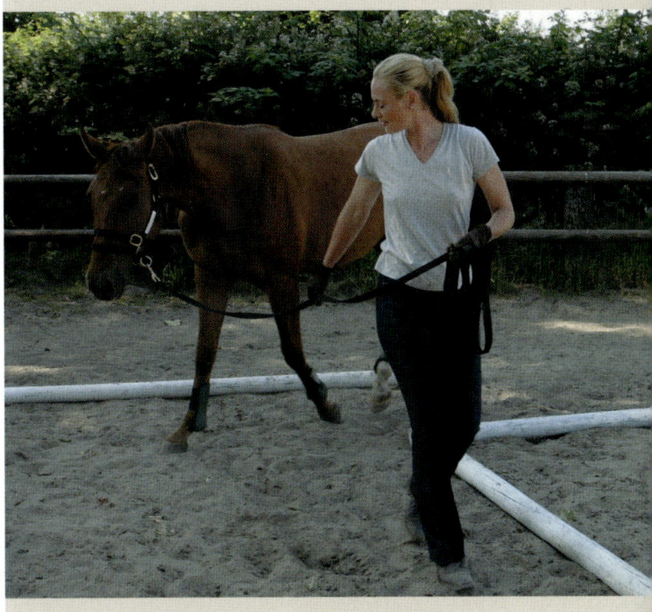

Pferde lernen kontextbezogen – deshalb sollten neue Übungen zunächst mehrmals am gleichen Ort trainiert werden, bevor sie überall abrufbar sind.
Foto: Maierhofer

Besonders plausibel wird diese Reihenfolge, wenn wir uns daran erinnern, wie wir den Führerschein gemacht haben. Während wir im ersten Stadium vom Fahrlehrer noch aufgefordert werden mussten, in den nächsten Gang zu schalten, können wir heute im vierten Stadium während des Autofahrens Kaffee trinken, Radio hören, uns unterhalten…

Dieses vierte Stadium der unbewussten Kompetenz erreichen wir am ehesten, wenn wir mit jemandem zusammenarbeiten, der dieses Stadium bereits erreicht hat und den wir zunächst so erfolgreich wie möglich kopieren, um irgendwann unseren eigenen Stil zu entwickeln. Trotz selbstverständlich vorhandener Unterschiede im Lernvermögen laufen die einzelnen Stadien des Lernens beim Pferd ebenso ab wie beim Menschen.

2

Der hellwache Nestflüchter: Lernverhalten beim neugeborenen Fohlen

Im Gegensatz zum Menschen und vielen Wildtierarten sind Pferde Nestflüchter. Sie haben keine schützende Umgebung, in der sie sich in aller Ruhe mit dem Leben vertraut machen können, sondern müssen bereits direkt nach der Geburt hellwach und lernfähig sein. Ein neugeborenes Fohlen ist deshalb in dieser wichtigen Phase seines Lebens mit einer besonders hohen Auffassungsgabe ausgestattet. Dieses frühe Lernen, das Wahrnehmen und Interpretieren der allerersten gesammelten Eindrücke seiner Welt, beeinflussen und prägen seinen Charakter und sein künftiges Verhalten besonders nachhaltig.

2.1 Die Suche nach der Milchquelle: Instinkte, sensible Lernphasen und Prägung

Bereits wenige Augenblicke nach der Geburt kommt es für das Fohlen zur ersten Sozialisierung mit der Mutter. Das neugeborene Fohlen trägt noch kein fertiges Bild von seiner Mutter in sich – es muss erst lernen, wer oder was seine Mutter ist, indem es sich ihren Geruch, ihr Aussehen und ihre Stimme einprägt. Dieser Vorgang, eine Sonderform des Lernens, wird als Prägung bezeichnet und dauert beim Pferd dreißig Minuten bis hin zu zwei Tagen. Sie ist in dem Moment abgeschlossen, wenn das Fohlen seiner Mutter aktiv folgt.

Sobald das Fohlen seiner Mutter folgt, ist die erste Lernphase im Leben eines Pferdes, die Prägung, abgeschlossen. Foto: Maierhofer

Gegenüber allem, was das Fohlen in dieser kurzen, enorm wichtigen Zeitspanne erlebt, ohne dass Mutter und Kind gestört werden, entwickelt es eine Toleranz, wenn nicht sogar Zuneigung. Wenn Menschen, die mit der Mutterstute vertraut sind, sich mit ihr und dem Fohlen beschäftigen, kann sehr leicht ein starkes Band zwischen dem Neugeborenen und dem Menschen geknüpft werden. Ein Fohlen, das den Menschen in seinen ersten Lebensstunden als freundlich und respektvoll kennen gelernt hat, wird als junges Pferd unkompliziert auszubilden sein: Es kommt gar nicht dazu, im Menschen eine Bedrohung oder einen Angstfaktor zu sehen.

Sollte eine Mutterstute die Geburt nicht überleben, ist es enorm wichtig, das Fohlen so schnell wie möglich über einen Vermittlungsdienst einer Ammenstute zuzuführen, um das Risiko einer Fehlprägung auf den Menschen auszuschließen. Notfalls muss eine gewisse Zeitspanne mit Hilfe eines besonders gutartigen Pferdes überbrückt werden, an das sich das Fohlen anschließen darf. Eine Fehlprägung auf den Menschen ist keinesfalls artgerecht und wird spätestens bei beginnender Geschlechtsreife junger Hengste gefährlich. Fohlen, die in der sensiblen Phase nur Kontakt zu Menschen hatten, zeigen später erhebliche Schwierigkeiten im Sozialverhalten gegenüber anderen Pferden.

Der Instinkt ist vorhanden, die Geschicklichkeit wächst von Mal zu Mal: Das Fohlen lernt rasant, wie es immer schneller und sicherer das Euter seiner Mutter findet. Foto: Maierhofer

2.2 Erfolg macht schlau: Instinktives und gelerntes Verhalten

Jedes Fohlen kommt mit dem Instinkt auf die Welt, sich kurz nach der Geburt auf seine Beine zu stellen, das Gleichgewicht zu finden und zu halten, das Euter seiner Mutter zu finden und schließlich zum ersten Mal zu trinken. Diese instinktiven Verhaltensmuster werden schon beim ersten Mal komplett und formal richtig, wenn auch noch unbeholfen ausgeführt. Sie werden durch Ausprobieren und Lernen mittels operanter Konditionierung (siehe Kap. 4.3) weiter modifiziert und verfeinert.

Der Instinkt regelt das Verhalten vor allem in Situationen, die mit dem unmittelbaren Überleben zusammenhängen. Flexibilität im Verhalten wäre fehl am Platze, wenn es darum geht, möglichst schnell die überlebenswichtige erste Muttermilch mit ihren Antikörpern zu finden und aufzunehmen. Dieses Verhalten ist daher vorprogrammiert: Instinktiv sucht das Fohlen unter einem großen Gegenstand (der Mutterstute) nach einem geruchlichen und geschmacklichen Reiz (der Milch). Müsste das Fohlen den kompletten Vorgang erst erlernen, wäre es vermutlich verhungert, bevor es die erste Milch trinken könnte.

Die Assoziation der Gerüche und Geräusche, die mit dem Trinken der Muttermilch einhergehen, helfen dem Fohlen in Zukunft, das Euter immer schneller und effizienter zu finden. Schon hier also spielt der Prozess des

Lernens eine Rolle. Das Finden der Milchquelle stellt somit den ersten operanten Konditionierungsvorgang (Lernen am Erfolg) dar.

In den kommenden zwei Wochen vollzieht sich eine weitere, für die Entwicklung des jungen Pferdes sehr wichtige Lernphase. Seine Fähigkeit, Sinneseindrücke aufzunehmen und zu verarbeiten, entwickelt sich rasant. Es wird angenommen, dass Fohlen, die in dieser wichtigen Phase nur wenigen sensorischen Reizen ausgesetzt sind – weil sie zum Beispiel sehr früh im Jahr geboren wurden und lange in der Box blieben –, ihre Fähigkeit zum Aufnehmen von Sinneseindrücken nicht voll entwickeln. Als Folge können sie Unterschiede nicht so deutlich wahrnehmen, bleiben daher vermutlich Zeit ihres Lebens schreckhaft und zeigen unter Umständen sogar eine wahrhaft geschädigte Lernfähigkeit.

Auch das emotionale Lernen findet in dieser frühen Lebensphase statt. Das Fohlen macht zwar bereits eigene Erfahrungen mit der Umwelt, hält sich im Allgemeinen aber meist noch eng bei seiner Mutter. Dabei lernt es ihre Verhaltensstrategien auf bestimmte Geschehnisse kennen, kopiert und imitiert diese. Das Fohlen einer sehr ängstlichen, schreckhaften, aggressiven oder unerzogenen Mutterstute sollte aus diesem Grund zwar so schonend wie möglich, aber auch so früh wie möglich (etwa nach vier Monaten) abgesetzt werden und in eine Gruppe gutmütigerer Pferde integriert werden, um die Chance zu bekommen, ein breiter gefächertes Sozialverhalten zu erlernen.

Beinahe alles, was in diesen ersten, sensiblen Phasen gelernt wird, ist weitestgehend irreversibel – ein Verhalten, dass ein Pferd zu dieser Zeit gelernt hat, ist besonders stabil im Gehirn verankert und wird nur schwer wieder verlernt. Identifiziert sich ein Waisenfohlen zum Beispiel nicht als Pferd und macht keine Erfahrungen mit dem zugehörigen Sozialverhalten, kommt es nicht selten zu lebenslangen, ernsthaften Verhaltensstörungen.

2.3 Das erste Mal ein Mensch: Das Imprint Training

Im Laufe seiner jahrelangen Tätigkeit als Fachtierarzt für Pferde machte der US-Amerikaner Dr. Robert Miller immer wieder die Beobachtung, dass Fohlen, die er kurz nach der Geburt behandelt hatte, sanfter und zahmer erschienen als ihre Artgenossen, die keine vergleichbare Behandlung erlebt hatten. Darüber hinaus fiel ihm auf, dass die von ihm behandelten Fohlen ihn nicht nur noch Wochen nach der Behandlung wieder erkannten, sondern sie schienen sich in seiner Nähe auch besonders wohl zu fühlen.

Miller selbst war in dem Glauben aufgewachsen, dass man ein neugeborenes Fohlen nicht berühren sollte, da die Mutterstute es sonst aufgrund des fremden Geruchs ablehnen würde und es durch den menschlichen Kontakt zu sehr verwöhnt werden könnte. Doch seine eigenen Erfahrungen machten ihn neugierig, und so begann er, zunächst mit selbst gezogenen Fohlen zu experimentieren. Zu Beginn war sein Interesse primär darauf

Früh übt sich: Das Imprint Training mit einem neu geborenen Fohlen. Foto: Maierhofer

ausgerichtet, die Fohlen zu desensibilisieren, um sich seine Tätigkeit als Tierarzt zu erleichtern. Das Fohlen sollte sich angstfrei und ohne Gegenwehr untersuchen lassen und potenziell als gefährlich betrachtete Gegenstände wie Bandagen, Nasensonden, Instrumente zur Zahnbehandlung, Sprühflaschen oder Schermaschinen akzeptieren.

Die von ihm entwickelte Methode nannte Miller „Imprint Training" – etwas unglücklich abgeleitet von dem Begriff „Imprinting", den Konrad Lorenz für die Prägephase bei seinen Aufzuchtversuchen mit Gänsen gewählt hatte.

Denn während es bei der Prägung um die einfachsten Lernvorgänge in den ersten Lebenstagen geht, die instinktiv vorprogrammiert sind, liegt Millers Imprint Training ein sehr viel weiter reichendes Konzept zugrunde, das dem Menschen den weiteren Umgang mit dem Pferd und seine Ausbildung erleichtern soll. Dazu wird der Fluchtinstinkt des Fohlens so lange eingedämmt, in dem es verschiedenen unbekannten Reizen ausgesetzt wird, bis es diese ohne Widerstand toleriert. Gleichzeitig erreicht man bei richtiger Vorgehensweise, dass sich das Fohlen dem Menschen nachhaltig unterordnet.

2.3.1 Der Ablauf des Imprint Trainings

Die folgende Beschreibung stellt den konkreten Ablauf eines Imprint Trainings in milder, abgeschwächter Form vor. Der korrekte Vorgang nach Miller kann in von ihm selbst verfassten Publikationen nachgelesen werden.

Nachdem die Stute das Fohlen berochen und abgeleckt hat, kann das Training beginnen. Hierbei sollte auf größtmögliche Ruhe und Sicherheit geachtet werden. Die Stute sollte aufgehalftert werden, aber während der gesamten Prozedur die Möglichkeit zur Kontaktaufnahme zu ihrem Fohlen haben. Allein durch die Anwesenheit des Menschen erreicht man, dass sich das Fohlen sowohl an seine Mutter als auch an den Menschen binden kann.

Jeder einzelne Trainingsabschnitt sollte so lange durchgeführt werden, bis sich das Fohlen vollständig beruhigt hat, falls es durch

Die ersten Schritte des Imprint Trainings: Zuerst werden das Gesicht,...

... das Maul,...

... die Ohren...

... und die Nüstern vorsichtig innen und außen gestreichelt und massiert. Fotos: Maierhofer

die Behandlung irritiert worden ist. Gegebenenfalls ist es auch erforderlich, den Fluchtinstinkt sanft einzudämmen. Nur so kann das Fohlen lernen, sich korrekt an die verschiedenen Reize zu gewöhnen.

Als erstes werden das Gesicht inklusive Maul, Ohren und Nüstern behandelt. Das Gesicht wird dazu mit der Hand oder mit einem Handtuch abgestrichen und vorsichtig abgerubbelt, bis dies ruhig akzeptiert wird. Ohren, Nüstern und Maul werden vorsichtig innen und außen massiert und abgestrichen. Nun ist bereits die Grundlage gelegt, um das Fohlen auf das Tragen seines ersten Halfters vorzubereiten, das selbstverständlich leicht und weich sowie von passender Größe sein sollte. Der Kontakt mit dem ersten Ausbildungsgegenstand seines Lebens sollte für das junge Pferd so positiv und stressfrei wie möglich verlaufen. Ein idealer Zeitpunkt ist gegeben, wenn das Fohlen am Boden liegt und etwas erschöpft ist. Nähern Sie sich vorsichtig, ohne es zu erschrecken, und bitten Sie einen Helfer, die Mutterstute zu halten. Arbeiten Sie mit weichen, fließenden Bewegungen und atmen Sie ruhig, tief und entspannt, um das Fohlen nicht aufzuregen. Wenn Sie das Halfter angelegt haben, sollte das Fohlen es ein bis zwei Stunden tragen, um sich daran zu gewöhnen. Dieser Prozess wird einige Male wiederholt, wobei es sinnvoll ist, das Massieren des Kopfes im Verlauf der Arbeit einzuschränken und das Halfter immer etwas eher anzulegen. Innerhalb kurzer Zeit wird das Anlegen des Halfters für das Fohlen zur angenehmen Routine werden.

Im Verlaufe des Imprint Trainings werden der gesamte Körper des Fohlens...

... und auch die Beine mit den Händen abgestrichen. Eine Ausnahme bildet allein der Bauchbereich dort, wo später einmal der Reiterschenkel einwirken wird.
Fotos: Maierhofer

Im weiteren Verlauf der Arbeit werden Körper und Beine massiert bzw. abgestrichen. Eine Ausnahme bilden die Körperbereiche, an denen später das Bein des Reiters einwirken soll. Sie bleiben vollständig unbehandelt, um dort die volle Sensibilität zu erhalten. Zur Vorbereitung auf spätere Arbeiten des Hufschmiedes werden schließlich die Hufsohlen mit der flachen Handfläche vorsichtig, aber mit ausreichendem Druck geklopft.

All diese Trainingsabschnitte sollten freundlich und spielerisch absolviert werden und möglichst nur kurz dauern. Sobald ein Fohlen also eine Behandlung brav akzeptiert, gehen Sie mit einem weichen, fließenden Übergang zum nächsten Schritt über. Wichtig ist, dass das Fohlen lernt, gewisse Prozeduren zu akzeptieren und willig mitzumachen. Dennoch sollten wir immer berücksichtigen, dass wir es mit einem Baby zu tun haben und keine zu hohen Anforderungen hinsichtlich des Konzentrationsvermögens und der Geduld stellen. Haben wir nach wenigen Minuten ein positives Resultat erzielt, sollte uns dies als ein vorläufiger Abschluss genügen, sodass wir das Training zu einem späteren Zeitpunkt wieder aufnehmen.

Keine Angst vor Druck: Hier liegt später der Sattel.

Kreativität ist erlaubt: Die Bandage kann auf den ersten Longiergurt vorbereiten. Fotos: Maierhofer

2.3.2 Weiter geht's: Die Desensibilisierung

Ein weiterer Bestandteil des Imprint Trainings ist die so genannte Desensibilisierung, die Gewöhnung an potenziell Furcht einflößende Gegenstände und Sinneseindrücke. Sie kann beginnen, nachdem das Fohlen getrunken hat, und sollte innerhalb der ersten Lebenstage einige Male wiederholt werden. Auch hierbei ist es erforderlich, das Fohlen – falls nötig – daran zu hindern, sich per Flucht zu entziehen und die Prozedur so lange weiterzuführen, bis sie vollständig akzeptiert ist. Die meisten Fohlen sind jedoch sehr neugierig und genießen die Beschäftigung.

Je nachdem, wie weit reichend man die Desensibilisierung gestalten möchte, bieten sich folgende Techniken an:

1. Gewöhnung an Druck im Bereich der Sattellage durch vorsichtiges Arbeiten mit den Händen.
2. Massieren des Gurtbereiches und der Sattellage mit einer Bandage.

Zu der Desensibilisierung in den ersten Lebenstagen gehört auch das kurze Aufheben aller vier Beine des Fohlens – sowohl vorne…

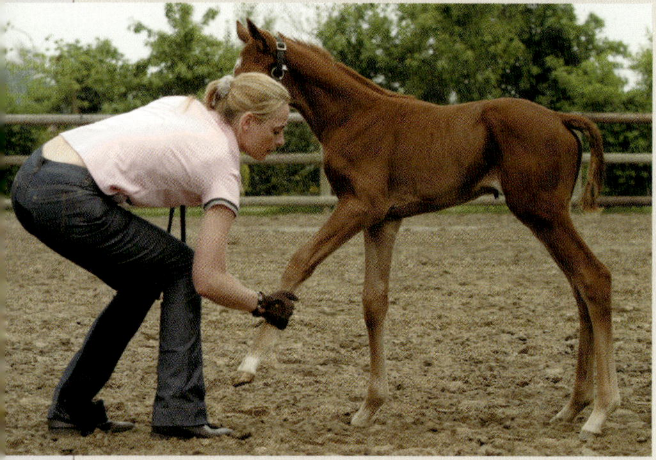

… als auch hinten. Fotos: Maierhofer

3. Hufe aufheben und kurzes Halten der einzelnen Beine.
4. Eindecken des Rückens mit einem großen Badehandtuch.
5. Abrubbeln mit einer kleinen Plastiktüte. Beginnen Sie zunächst mit einer kleinen, weichen Tüte und steigern sich dann hin zu stärker knisternden Exemplaren.

Die allererste „Satteldecke" – ein weiches Handtuch bleibt angenehm in Erinnerung.

Wer so sanft an knisternde Tüten und Taschen herangeführt wird, hat später damit keine Probleme.

6. Einbandagieren der Beine. Die Massage der Beine beim ersten Imprint Training direkt nach der Geburt sollte diesen Vorgang vereinfachen.
7. Klapper- und Knallgeräusche wie durch umkippende Eimer oder Ähnliches sowie Motorengeräusche.
8. Desensibilisierung mit einem Haarfön oder einer kleinen, batteriebetriebenen Schermaschine, wenn das Pferd in seinem späteren Leben vermutlich geschoren werden soll. Die Desensibilisierung bezieht sich auf das Geräusch des Motors und die Vibration des Gerätes. Dabei hilft der warme Luftstrom des Föns, das Geräusch des Motors mit einer angenehmen Assoziation zu verbinden.

Sind die Beine bereits zuvor sanft mit den Händen abgestrichen worden, klappt auch das erste Bandagieren reibungslos.

Etwas laut, aber immerhin angenehm warm: So wird auch ein späteres Scheren des Pferdes nicht zur angstvollen Stresssituation. Fotos: Maierhofer

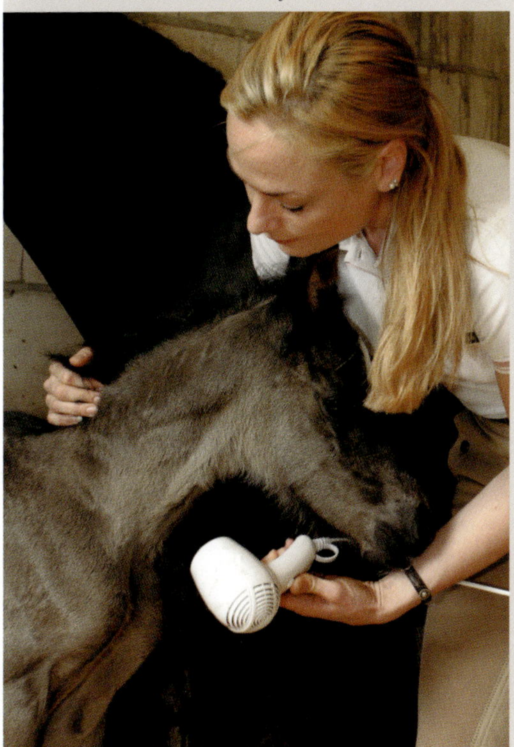

2.3.3 Der Trainingseffekt

Die Desensibilisierung und das Löschen von Angstreaktionen gegenüber diversen Gegenständen und Geräuschen in ruhigen Situationen ohne Verletzungsrisiko hat äußerst lang anhaltende Effekte auf das Gehirn. Einmal gelernte Strategien, die sich als praktikabel und funktional erwiesen haben, werden generell in zukünftigen Situationen angewendet. Pferde sind Gewohnheitstiere: Je häufiger sie gewisse Erfahrungen unter bestimmten Voraussetzungen machen, desto größer ist die Wahrscheinlichkeit, dass sie durch die Anlage und Vertiefung bestimmter Nervenbahnen im Gehirn als normal akzeptiert werden. Pferde gehen gern den Weg des geringsten Widerstandes und vermeiden, wie alle anderen Lebewesen auch,

Schmerz und andere unangenehme Erfahrungen. Daher akzeptieren sie gerne alles, was ihnen keine negativen Konsequenzen bereitet. Diese Eigenschaft sollte man sich zunutze machen und dafür Sorge tragen, dass man von Anfang an gute Angewohnheiten etabliert. So lange für das Fohlen keine Notwendigkeit für eine Änderung besteht, wird es sich weiterhin dem gelernten Weg entsprechend verhalten.

2.3.4 Überlegungen zum Imprint Training

Die Vorteile des Imprint Trainings, auch der dargestellten abgeschwächten Version, liegen auf der Hand: Für uns Menschen, die wir dem Pferd rein körperlich weit unterlegen sind, ist es wesentlich einfacher, ein wenige Stunden altes Fohlen zu behandeln und den Fluchtinstinkt einzudämmen bzw. gar nicht erst aufkommen zu lassen, als dies bei einem erwachsenen Pferd zu versuchen. Wird die Technik korrekt angewandt, begründet sie bei dem jungen Pferd eine hohe Toleranz gegenüber jeglichen körperlichen Berührungen, gegenüber dem Festgehalten werden und grundsätzlich gegenüber dem Menschen auch in wehrlosen Situationen wie im Liegen. Das Pferd hat gelernt, dass es keinerlei schmerzhafte Folgen fürchten muss. Außerdem können wir mit der erfolgreichen Behandlung des kleinen Pferdes ein erwünschtes Verhalten etablieren, bevor es ein anderes, unerwünschtes Verhalten lernt, das wir dann wieder mühsam verändern müssten.

Wir müssen uns darüber im Klaren sein, dass ein Pferd, das den Menschen von klein auf als Herdenchef akzeptiert und darüber hinaus sorgfältig erzogen und ausgebildet wurde, zumeist ein wesentlich besseres Leben erwartet, als ein Pferd, welches wegen Ungezogenheit und Unarten ständig den Besitzer wechselt und vielleicht irgendwann als nicht zu bändigen oder bösartig beim Schlachter landen muss.

Auf der anderen Seite ist die Zeit der Prägung beim neugeborenen Fohlen eine unvergleichlich wichtige Phase für seine weitere psychische und charakterliche Entwicklung. Jeder Züchter sollte dieser sensiblen Prägephase bewusst begegnen und sich genau überlegen, ob ein Prägetraining durch den Menschen für das junge Pferd sinnvoll ist und darüber hinaus genau planen, welchen Reizen das junge Fohlen in seiner ersten Lebenszeit ausgesetzt werden soll.

Viele Pferdebesitzer sind mit Tieren überfordert, die die Rangfolge in Frage stellen oder in anderer Weise nicht sorgfältig auf die Anforderungen ihres späteren Lebens vorbereitet wurden. Daher kann es ratsam sein, mit einem Fohlen ein mehr oder weniger intensives Prägetraining zu absolvieren. Dennoch ist das Imprint Training eine bewusste und zielgerichtete Manipulation, das Fohlen hat keinerlei Entscheidungsrecht und ist der Situation ausgeliefert. Bei Unachtsamkeit oder Übertreibung können im schlimmsten Fall so die Weichen für eine „erlernte Hilflosigkeit" (siehe Kap. 7.6.2) gestellt werden, in weniger schweren Fällen können das Selbstvertrauen des Pferdes und die Entwicklung eines starken, eigenständigen Charakters leiden.

Mit streichelnden Berührungen wird der Kopf vor dem Anlegen des Halfters desensibilisiert. Foto: Maierhofer

Sicher ist es auch ohne Imprint Training mit einer sorgfältigen und konsequenten Erziehung und Aufzucht des Fohlens durch kundige Menschen möglich, ein umgängliches und gutmütiges Pferd heranzuziehen.

2.4 Das erste Halfter

Haben wir uns dazu entschlossen, kein Imprint Training durchzuführen und infolgedessen dem Saugfohlen bisher auch noch kein Halfter angelegt, bietet sich die folgende Methode der Gewöhnung an das erste Halfter an: Wenn das Fohlen bisher positive Erfahrungen mit Menschen gemacht hat, können wir den Stall mit einem gut sitzenden Fohlenhalfter betreten, ohne dass das Fohlen erschrecken oder sich aufregen wird. Ist die Mutterstute sehr besorgt oder aggressiv, sollte sie von einem Helfer festgehalten oder abgelenkt werden.

Das erste Anlegen gestalte ich so spielerisch wie möglich und mache mir die jeweilige Stimmung des Fohlens zunutze: Ist es gerade wach und neugierig aufgelegt, begrüße ich es sehr freundlich mit warmer Stimme und halte ihm das Halfter zum Beriechen hin. In dem Moment, in dem das Fohlen das Halfter mit dem Mäulchen berührt, ziehe ich das Halfter etwas zurück und mache einen Schritt nach hinten. Wie immer im Umgang mit allen Pferden vermeide ich hektische Bewegungen, sondern arbeite weich und fließend, ohne dabei zu langsam zu sein. Dieses Zeigen des Halfters und wieder Zurückziehen wiederhole ich einige Male und erziele damit einen wichtigen Effekt: Das Fohlen entwickelt keine Angst vor

Das Fohlen darf das Halfter ausführlich beschnuppern und mit seinem Maul ertasten, ...

... bevor es das erste Mal aufgehalftert wird.
Fotos: Maierhofer

dem fremden Etwas, denn das Halfter „verhält" sich so, als wenn es Angst vor dem Fohlen hätte, weil es sich bei Annäherung stets zurückzieht. Das Fohlen wird dadurch nicht verschreckt reagieren, sondern neugierig auf diesen „schüchternen" Gegenstand werden.

Schließlich lasse ich das Fohlen das Halfter eingehend beriechen und sogar ins Mäulchen nehmen. Pferde haben keine Hände, mit denen sie Gegenstände ertasten können, und sind deshalb darauf angewiesen, fremde Dinge durch Bekauen oder Belecken kennen zu lernen – ganz ähnlich der Vorliebe von Babys und Kleinkindern. Es spricht deshalb nichts dagegen, wenn das Fohlen sein Halfter ein- oder zweimal ins Maul nimmt – es wird dadurch gewiss nicht in Zukunft jeden Zügel durchkauen.

Während sich das Fohlen neugierig mit dem Halfter beschäftigt, nutze ich die Zeit, um den Kopf des Fohlens komplett abzustreichen und damit zu desensibilisieren; bevor ich schließlich das Halfter vorsichtig anlege. Bei einem schläfrigen, liegenden Fohlen massiere ich Hals, Widerrist und Kopf und ziehe ihm das Halfter dann an.

Dann entferne ich mich zunächst, um dem Fohlen Gelegenheit zu geben, sich mit dem ungewohnten Gefühl allein auseinander zu setzen. Nach kürzester Zeit wird das Fohlen das Halfter nicht mehr spüren, bei sorgsamer Vorbereitung von Anfang an nicht. Nachdem das Fohlen das Halfter ein bis zwei Stunden getragen hat, wird es wieder abgenommen. Zwischendurch sollte immer wieder kontrolliert werden, ob alles in

Ordnung ist, und selbstverständlich ist schon vorher absolut sicherzustellen, dass sich das Fohlen nirgendwo mit dem Halfter verhaken kann.

2.5 Führübungen für die ersten Lebenswochen

Die folgenden ersten Führübungen dienen dazu, das Fohlen bereits so früh und damit so schonend wie möglich auf seine spätere Aufgabe als Reit- oder Fahrpferd vorzubereiten. Der Schwerpunkt liegt hierbei darin, das junge Pferd möglichst vielen Reizen auszusetzen, die ein Wachsen und Stimulieren seines Gehirns bedingen. So werden Körper und Geist sinnvoll und schonend angeregt, um ein lebenserfahrenes, selbstsicheres und möglichst angstfreies Pferd zu erziehen.

Es besteht kein Grund, mit diesen vorbereitenden Übungen zu warten, bis das Pferd mehrere Jahre alt ist. Voraussetzung für die erfolgreiche Durchführung ist allerdings, dass Sie als trainierender Mensch freundlich, ruhig und pferdeerfahren handeln.

2.5.1 Der Schritt in die richtige Richtung

Zeitgleich mit der Gewöhnung des Fohlens an die vielen Außenreize seiner Umwelt sollten wir es auf kleine Signale hin sensibilisieren. Wir möchten erreichen, dass das Fohlen auf kleinste Berührungen in bestimmten Regionen seines Körpers korrekt reagiert und sich am Halfter richtig führen lässt.

Der wichtigste Punkt besteht dabei darin, dass die Berührung bzw. der ausgeübte Druck sofort eingestellt wird, wenn das Fohlen die gewünschte Reaktion zeigt. Das Fohlen lernt hier schon sehr früh die Verbindung zwischen seiner angemessenen Reaktion und der Belohnung in Form des nachlassenden Drucks kennen. Je früher dieses Grundprinzip etabliert wird, desto leichter wird der Umgang mit dem jungen Pferd in der Zukunft werden. Alle Übungen sollten zunächst im Stall, zum Beispiel in einer großen Abfohlbox, im Beisein der Mutterstute absolviert werden, um sie später draußen in einer sicheren, ruhigen Umgebung zu vertiefen.

Am Beginn der Übungen steht die Halfterführigkeit, die zunächst von links, später aber

Mit Unterstützung durch die vorangehende Mutterstute gelingt das Führen spielerisch und leicht. Foto: Maierhofer

Durch nachlassenden Druck und ausgiebiges Loben wird dem Fohlen gezeigt, dass es sich richtig verhalten hat.

Statt Halfter und Strick kann man bei sehr jungen Fohlen auch ein in Form einer Acht um den Körper gelegtes Seil als Führhilfe verwenden. Fotos: Maierhofer

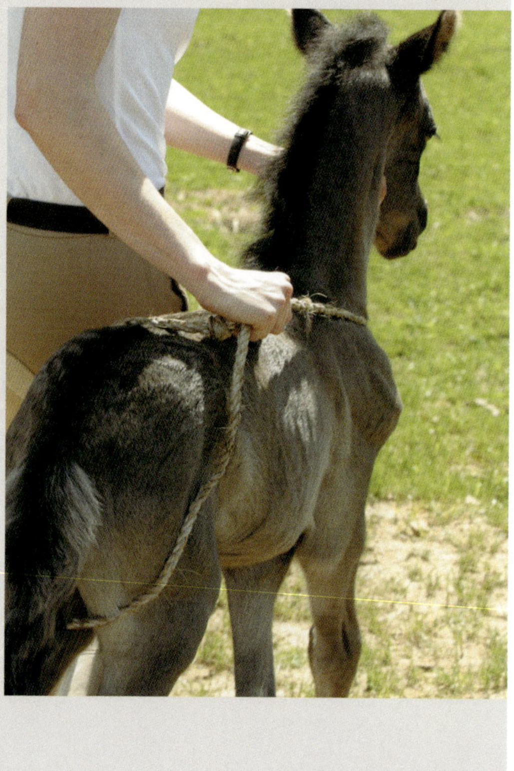

unbedingt auch immer von der rechten Seite aus trainiert wird. Wir machen es dem Fohlen zunächst so einfach wie möglich, indem wir uns in Richtung der Mutterstute seitlich einladend zum Fohlen hinstellen und einen leicht pulsierenden Druck auf das Halfter ausüben, ohne das Fohlen dabei anzusehen. Beim ersten Schritt in die richtige Richtung lässt der Druck augenblicklich nach und das Fohlen wird durch ein lobendes Wort („Brav!") oder ein sanftes Streicheln belohnt. In ähnlicher Weise können wir das Fohlen ohne viel Aufwand zur Halfterführigkeit erziehen. Dazu führt ein Helfer die Mutterstute voran, das Fohlen wird hinterher geführt. Durch den Nachfolgetrieb des Fohlens wird das richtige und adäquate Verhalten bekräftigt und unterstützt. Sehr junge Fohlen kann man auch mit einem Seil führen, das in Form einer Acht um seinen Körper gelegt wird.

Natürlich sollten – wie immer im Umgang mit Pferden – die nötigen Sicherheitsaspekte beachtet werden. Hierzu gehören festes Schuhwerk und Handschuhe. Außerdem sollte das Fohlen an einer Longe geführt werden, damit es sich nicht losreißen kann, falls es – seinem Spieltrieb oder einem plötzlichen Schreck folgend – einmal einfach losschießt. In einer solchen Situation sollte man das Fohlen wenige Meter gehen lassen und es dann sanft abbremsen. Viele Fohlen reißen den Kopf hoch und versuchen zu steigen, um sich dem Druck des Halfters zu entziehen. Hier ist eine gefühlvolle Hand gefragt: Keinesfalls darf zu früh Gegendruck ausgeübt werden; die Longe ist erst dann wieder aufzunehmen und zu straffen, wenn alle vier Fohlenbeine am Boden sind, um einen Sturz und Verletzungen zu vermeiden. Danach nehmen wir eine seitlich-einladende Position ein, lassen das Fohlen zu uns zurückkehren (eventuell mit leicht pulsierendem Druck an der Longe) und loben es ausgiebig, wenn es wieder bei uns ist. Es ist durchaus richtig, dass das Fohlen diese Erfahrung mehrfach (oft genügen drei Wiederholungen) macht und dabei sein Verhalten ausprobiert. Es wird schließlich lernen, dass es uns nicht entwischen kann und außerdem, dass es wesentlich angenehmer ist, wenn es brav seitlich hinter uns herläuft. Der Vorteil für den Menschen besteht darin, dass ein Fohlen wesentlich leichter als später ein Jährling oder gar ein Zweijähriger von seinem Versuch des Davonstürmens abgehalten werden kann.

Aus Sicherheitsgründen wird ein Fohlen immer an der Longe geführt: Falls es plötzlich losschießt, kann man schnell genug nachgeben, ohne dass sich das Fohlen losreißt.

Möchte das Fohlen nicht folgen, dreht sich der Mensch seitlich-einladend und übt eventuell zusätzlich einen leicht pulsierenden Druck mit der Longe aus. Ausgiebig loben, sobald die richtige Richtung angedeutet wird!
Fotos: Maierhofer

Das dem Menschen gegenüber rangniedrigere Pferd akzeptiert eine Führposition seitlich hinter dem Menschen.

Durch ein Antippen mit dem Finger an der Bauchseite bringen wir das Fohlen dazu, mit der Hinterhand seitwärts auszuweichen. Fotos: Maierhofer

2.5.2
Das korrekte Führen: Die Positionen aus dem Herdenverhalten

Auch ich habe vor vielen Jahren gelernt, ein Pferd so zu führen, dass es seitlich neben mir läuft und ich an der Schulter des Pferdes positioniert bin. Diese Lehrmeinung kann ich nach meinem heutigen Wissen nicht weiterempfehlen. Das Pferd sollte beim Führen seitlich hinter uns laufen. In der Herde führt die Leitstute die Gruppe im Allgemeinen an, während der Hengst hinter der Gruppe herläuft und eine treibende Position innehat. Laufe ich an der Schulter des Pferdes, habe ich die Position eines Fohlens „bei Fuß“ oder eines anderen, rangniedrigeren Pferdes inne.

Viele Pferde sind so loyal, dass sie sich auch von einem „Rangniedrigen“, der von der Schulter aus agiert, führen lassen. Aus meiner Praxis weiß ich aber auch, wie vielen Besitzern es nicht gelingt, ihr Pferd aus dieser Position erfolgreich irgendwo hinzuführen. Man riskiert Rangeleien, weil man sich selbst in diese rangniedrige Position gebracht hat. Wesentlich logischer für das Pferd und verletzungsärmer für uns ist es daher, seitlich vor dem Pferd zu gehen.

Meine persönliche Regel für alle Pferde lautet, dass sie eine gedachte Verlängerungslinie von meinen Schultern aus nicht überschreiten dürfen, auch wenn ich einmal abrupt anhalte. Da die Rangordnung in dieser Position eindeutig ist, sind die Pferde zufrieden, dass sie mir vertrauensvoll hinterherlaufen dürfen und nicht die Verantwortung übernehmen müssen, die sich aus der vorderen Führposition ergibt, sondern einen respektablen und damit Schutz bringenden Anführer gefunden haben.

Auch ein Fohlen kann schon von Beginn an lernen, seitlich hinter dem führenden Menschen zu gehen. Dazu halten wir es sanft aber bestimmt zurück, wenn es die Tendenz zeigt, uns überholen zu wollen; alternativ ändern wir abrupt die Richtung, damit wir wieder vor das Fohlen kommen. Möglicherweise müssen diese Lektionen einige Male wiederholt werden, bis alles reibungslos klappt. Der Einsatz zahlt sich jedoch bei der weiteren Ausbildung um ein Vielfaches aus.

Eine weitere Übung ist das Seitwärtstreten mithilfe von Halfter und Finger. Hierzu ziehen wir den Kopf und die Halspartie des Fohlens sanft zu uns herüber, während wir frontal zur Schulter des Fohlens stehen und durch Antippen mit dem Finger an der Bauchseite eine Seitwärtsbewegung der Hinterhand von uns weg erzielen wollen. Wie auch bei den vorigen Übungen wird der Druck bis zur Reaktion sanft gesteigert. Ein einmaliges richtiges Reagieren genügt für den Anfang. Wichtig bei dieser Übung: Trainieren Sie sie unbedingt von beiden Seiten.

Für das Rückwärtsrichten mit dem Halfter ist ein gut sitzendes, bequemes Fohlenhalfter unabdingbar, das relativ eng am Kopf sitzt, ohne einzuschnüren. Nun stellt man sich frontal vor das Fohlen und übt über ein weiches, angenehm zu haltendes Führseil oder eine Longe einen sehr leichten, pulsierenden Druck auf die vordere Nasenpartie aus. Der Druck wird so lange systematisch gesteigert, bis das Fohlen den Ansatz macht, einen Schritt rückwärts zu treten. Schon der richtige Gedanke muss hier durch sofortiges Lösen des Drucks positiv belohnt werden.

Eine Variante ist das Rückwärtsrichten durch pulsierenden Druck mit dem Finger. Wieder stehen wir frontal zum Fohlen und üben mit

Sobald das Fohlen nur dazu ansetzt, dem Druck auf den Nasenrücken rückwärts zu weichen, wird es durch das Reduzieren des Drucks gelobt.

Mit ganz vorsichtigem, sich langsam steigerndem Druck auf die Brust wird der Impuls zum Rückwärtsgehen gegeben. Fotos: Maierhofer

Eine gute Übung zum Training von Koordination und Gleichgewicht: Das Hochheben eines Beins. Foto: Maierhofer

unserem Finger einen sanften, pulsierenden Druck auf die Brust aus. Auch dieser Druck beginnt ganz leicht und steigert sich allmählich bis zur ersten Reaktion. Ganz entscheidend ist wieder der richtige Zeitpunkt für das Stoppen des negativen Reizes. Ein erfahrener Pferdemensch fühlt, wann der richtige Gedanke entsteht und belohnt bereits diesen durch Nachlassen des Drucks. So kann man dem Fohlen innerhalb weniger Minuten die richtige Reaktion beibringen.

Diese Übungen sollten bereits in der ersten Lebenswoche des Fohlens praktiziert werden. In der zweiten Lebenswoche empfiehlt es sich, sie noch einige Male zu wiederholen. Danach müssen sie nur noch gelegentlich aufgefrischt werden. Kritisch ist immer das korrekte Timing, also sofort mit dem negativen Reiz des Drucks nachzulassen, wenn bereits der Gedanke des Fohlens in die richtige Richtung geht. Alle Trainingseinheiten sollten so freundlich, spielerisch und kurz wie möglich gestaltet werden. Die Belohnung mit sanfter Stimme und Streicheln ist von entscheidender Wichtigkeit.

2.5.3 Weitere Führübungen

Wenn das Fohlen alle Übungen des vorangehenden Abschnittes erfolgreich beherrscht, können wir mit den nächsten Trainingsschritten beginnen. Zunächst geht es um das Führtraining auf verschiedenen Untergründen. Hierzu wollen wir das Fohlen (gerne mit der vorangehenden Mutterstute, wenn diese keinerlei Unsicherheiten zeigt) über eine Variation verschiedener Untergründe führen, um seine Koordination und das sichere Aufhufen zu fördern. Ein unebener Wald- oder Wiesenboden mit Baumwurzeln, ein tiefer Sandboden, Pfützen von unterschiedlicher Tiefe und Größe, ein glatter, rutschiger Boden sowie schließlich eine Plastikplane auf sandigem und hartem Boden bieten die verschiedensten Herausforderungen.

Auch erste Erfahrungen mit dem Transporter gehören zu den Führübungen für ein Fohlen oder Jungpferd. Ziel ist, dass sich das Tier in einen Pferdeanhänger führen lässt und dort einige Minuten ruhig stehen bleibt. Ist es schon mit anderem Futter außer der Muttermilch vertraut, kann man ihm im Anhänger eine Mahlzeit anbieten. Dies ist im Optimalfall einige Male zu wiederholen, ohne dass das Fohlen wirklich transportiert wird. Viel wichtiger ist es, dass das Fohlen unbedingt so lange im Transporter verbleibt, bis es völlig ruhig und entspannt ist. Im Idealfall benutzt man mehrere verschiedene Transporter im Laufe der Zeit, um das Pferd später erfolgreich verladen zu können. Wenn sich die Mutterstute selbst problemlos verladen lässt, kann sie uns natürlich hervorragend assistieren. Ist dies nicht der Fall, sollte das Training lieber ohne sie stattfinden, um Unruhe und Nervosität gar nicht erst aufkommen zu lassen. Ersatzweise kann ein absolut verladesicheres, freundliches „Onkel"- oder „Tantenpferd" einspringen, das dem Fohlen vertraut ist. Wer eine Vorübung einbauen möchte, kann eine kleine Brücke benutzen, um das Fohlen daran zu gewöhnen, angstfrei über eine hohle Oberfläche zu gehen.

Wechselnde Lichtverhältnisse bedeuten für ein Pferd etwas ganz anderes als für den Menschen. Pferde benötigen aufgrund der besonderen Beschaffenheit ihrer Augen eine längere Zeit, um sich auf wechselnde Sichtverhältnisse zwischen hell und dunkel (und umgekehrt) einzustellen. Allerdings sehen sie bei Dunkelheit deutlich besser als Menschen und werden aufgrund der Adaptionsfähigkeit der Pupille von hellem Licht nicht geblendet. Nur bei sich plötzlich verändernden Lichtverhältnissen braucht das Pferd etwas länger, um wieder scharf sehen zu können. Um diesen Situationen auch im späteren Leben gelassen zu begegnen, sollte das Fohlen in den ersten zwei Lebenswochen, wenn die sensorischen Entwicklungsfähigkeiten auf ihrem Höhepunkt sind, mehrfach von einer hellen in eine dunklere Umgebung geführt werden.

Ruhig und in entspannter Atmosphäre wird die junge Stute an den Anhänger herangeführt, …

… sodass das Verladen selbst ohne Aufregung klappt.
Fotos: Maierhofer

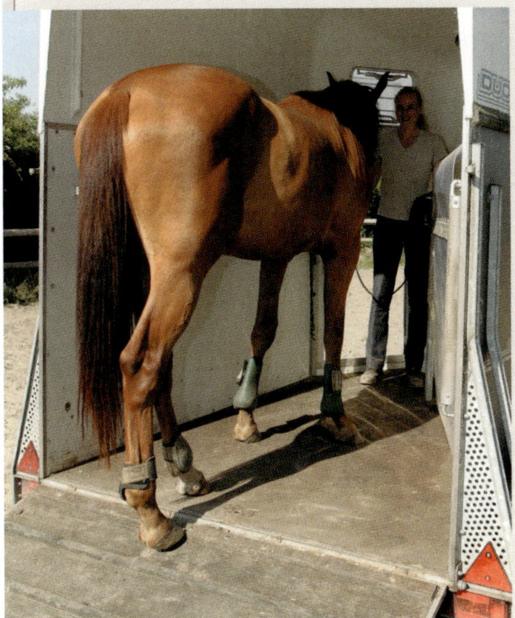

3

Der Fohlen-Kindergarten:
Das Lernverhalten des Fohlens

Von der eigenen Zucht oder dem Kauf eines Pferdes bereits im Fohlenalter versprechen sich viele Besitzer die Möglichkeit, eine besonders innige Beziehung zu dem heranwachsenden Pferd aufzubauen. Auf der anderen Seite sollte man sich immer vor Augen halten, dass ein Fohlen so artgerecht und natürlich wie möglich gehalten werden sollte. Es muss auf jeden Fall mit mehreren anderen Fohlen und Mutterstuten im Herdenverband aufwachsen und bedarf natürlich einer art- und altersgerechten Fütterung sowie medizinischer Versorgung. Sind diese Voraussetzungen erfüllt, steht einer lehrreichen und bestimmt nie langweiligen Zeit für Mensch und Fohlen nichts mehr im Wege.

3.1 Ganz einfach: Die Gewöhnung oder Habituation

Die Gewöhnung bzw. Habituation ist eine einfache und dennoch sehr effektive Form des Lernens. Sie ist dadurch charakterisiert, dass ein ständig wiederkehrender Reiz weder mit positiven noch mit negativen Folgen verknüpft wird – die Gewöhnung ist also neutral assoziiert. Ziel ist es, die Reaktion auf einen Reiz zu mindern oder sie gar nicht erst aufkommen zu lassen, zum Beispiel das Fluchtverhalten durch vorbeifahrende Autos. Junge Pferde, die auf einer

Für die spätere Ausbildung ist es sehr hilfreich, das Fohlen schon früh häufig mit verschiedensten fremden Dingen zu konfrontieren. Foto: Maierhofer

Weide neben einer Straße gehalten werden, lernen durch Habituation und zusätzlich durch Stimmungsübertragung von den älteren, erfahrenen Weidegenossen, dass vom vorbeiziehenden Verkehr keine Gefahr ausgeht. Diese Art des Lernens ist allerdings nicht unumstößlich: Die Gewöhnung kann auch wieder verlernt werden, indem man Pferde zum Beispiel wieder verwildern lässt.

Die Gewöhnung ist ein für das Pferd sehr sinnvoller Lernvorgang. In unserer technisierten Welt voller Gegenstände, die im ursprünglich natürlichen Umfeld des Pferdes nicht vorhanden waren, sorgt die Habituation dafür, dass das Pferd ohne ständiges Scheuen und panische Schreckreaktionen mehr oder weniger ruhig und gelassen in seiner Umwelt leben kann.

Es ist also äußerst sinnvoll, ein Fohlen möglichst oft verschiedensten Reizen auszusetzen. Wichtig dabei ist, dass dies in einer sicheren Umgebung mit absolut geringem Verletzungsrisiko geschieht. Hilfreiche Dienste bei diesem Prozess leistet eine gutartige, ruhige und mit ihrer Umgebung vertraute und daher besonders scheufreie Mutterstute.

3.2 Annäherung mit System: Die progressive Desensibilisierung

Über Jahrhunderte hinweg nutzte der Mensch das Pferd bei kriegerischen Auseinandersetzungen – und musste es dementsprechend

Polizeipferde beweisen: Das Fluchttier Pferd begegnet nach entsprechendem Training selbst gefährlichsten Situationen mutig und zuverlässig. Foto: Mahramzadeh

trainieren, damit es bei den Furcht einflößenden Kanonenschüssen oder flatternden Fahnen ruhig und für den Reiter kontrollierbar blieb. Auch unsere heutigen Polizeipferde absolvieren erfolgreiche Einsätze inmitten riesiger, lärmender Menschenmengen und bleiben auch im größten Tumult noch gelassen.

Das leicht zu erschreckende Fluchttier Pferd kann einfacher als andere Tiere gegenüber Angst auslösenden Reizen desensibilisiert werden. Überraschenderweise lassen sich Pferde trotz ihres fest verwurzelten Fluchttriebs problemlos und schnell dazu erziehen, vormals beängstigende Situationen zu tolerieren. Der Grund dafür ist bei genauerer Betrachtung durchaus nahe liegend: Pferde als Tiere, deren primärer Verteidigungsmechanismus in der Flucht besteht, müssten ja ständig fliehen, wenn sie nicht die innere Bereitschaft hätten, sehr schnell gegenüber zunächst beängstigenden, aber eigentlich harmlosen Stimuli „abzuhärten", zu desensibilisieren. Sie hätten keine Zeit mehr zu fressen, zu trinken, sich auszuruhen oder sich fortzupflanzen, sondern wären einfach ständig auf der Flucht.

Bei der Erziehung durch den Menschen bietet sich neben der Habituation (siehe voriges Kapitel) eine zweite Technik an, an deren Ende ebenfalls die Toleranz gegenüber vormals Furcht einflößenden Dingen steht: die progressive Desensibilisierung. Ein besonderer Bestandteil dieser Methode ist das Konzept von „Vorstoß und Rückzug". Es geht zurück auf den australischen Pferdetrainer Kell B. Jeffery und wurde von Monty Roberts weiterentwickelt.

Man kann diese Methode verwenden, um Fohlen mit neuen Dingen vertraut zu machen. Besonders gut eignet sie sich aber auch, um wilde oder verwilderte Pferde an den Menschen zu gewöhnen. Dazu wird das Pferd am besten auf einer Weide oder einem Paddock separiert. Man nähert sich ihm langsam und in halbkreisförmigen Bahnen so weit, bis man spürt, dass es kurz davor ist, die Flucht zu ergreifen. An dieser Stelle verharrt man und entfernt sich dann wieder.

Was bewirkt diese Vorgehensweise? Das wilde, verängstigte Pferd, das den Menschen zunächst einmal für ein Raubtier hält, vor dem es fliehen muss, macht eine überraschende Entdeckung: Während es in der Natur eines Raubtieres liegt, sich seinem Opfer stetig zu nähern und sich dann nicht wieder zurückzuziehen, verhält sich der Mensch durch den Rückzug nach der Herstellung der ersten Nähe vollkommen untypisch. Das Pferd kann sich dadurch wieder beruhigen und wird beginnen, die Situation zu überdenken. Es wird Vertrauen zu dem Menschen aufbauen, weil dieser nicht wie ein Raubtier auftritt.

Im weiteren Verlauf nähern wir uns und ziehen uns wieder zurück und kontrollieren dabei unsere Bewegungen, sodass wir das Pferd nicht unbedacht zur Flucht verleiten. Die Bewegungen sollten zwar nicht hektisch sein, aber auch nicht „anschleichend" wie ein Raubtier wirken – dies würde das Pferd nur zusätzlich in Alarmbereitschaft versetzen. Ist die Angst des Pferdes besonders groß, entfernen wir uns ein bisschen mehr: Wir belohnen es somit dafür, dass es nicht vor uns geflüchtet ist, indem wir mehr „Druck" (in Form unserer eigenen Person) von ihm nehmen. Gleichzeitig versuchen wir, bei jeder Annäherung ein kleines Stück dichter an das Pferd heranzukommen.

In einem umzäunten Areal sind wir dann schließlich in der Lage, an der Schulter des Pferdes zu stehen. Von hier aus können wir ihm die Gelegenheit geben, unsere Hand zu beschnuppern und es sich gefallen zu lassen, dass wir seinen Widerrist oder Hals berühren. Auch diese Bewegungen sollten langsam und bedacht, aber keinesfalls raubtierhaft sein.

3.3 Draußen ist alles neu: Desensibilisierung außerhalb des Stalls

Je früher wir damit beginnen, das Fohlen an potenziell Angst auslösende Dinge zu gewöhnen und ihm damit zeigen, dass es ihnen zusammen mit uns vertrauensvoll begegnen kann, desto eher wird es generell annehmen, dass es in unserer Gegenwart keine Angst verspüren muss. Wenn wir uns den Gegenständen gelassen, ruhig und selbstbewusst nähern, wird das Fohlen uns nachahmen und ebenfalls gelassen reagieren. Steigt in uns allerdings Panik auf, zum Beispiel wenn wir mit dem

Wenn die Mutterstute mit gutem Beispiel vorangeht, ist die Gewöhnung an fremde Dinge wie den Traktor ein Kinderspiel. Foto: Maierhofer

Fohlen auf einem Spaziergang sind und sich ein Traktor nähert, wird sich die angespannte Stimmung sofort auf das Fohlen übertragen (siehe auch Kap. 3.5) und sein Fluchttrieb wird geweckt. Je intensiver das Fohlen durch vertrauensbildende Maßnahmen daran gewöhnt wird, dass ihm unbekannte Dinge, die zusammen mit dem Menschen auftreten, zwar wahrgenommen, aber keine Flucht auslösen müssen, umso eher wird das junge Pferd dieses Prinzip generalisieren, also auch auf andere Situationen übertragen.

Außerordentlich wichtig in der heutigen Zeit ist die Desensibilisierung gegenüber dem Straßenverkehr und anderen Maschinengeräuschen. Hierzu kann man mit kleinen Geräten wie zum Beispiel einem Rasenmäher beginnen. Ist die Mutterstute erfahren und entsprechend gelassen, kann man eine Situation kreieren, in der ein Auto oder ein Traktor vorsichtig an Stute und Fohlen vorbeigefahren wird. Der Sicherheitsaspekt hat natürlich absolute Priorität!

Haben wir zu der Stute nicht das erforderliche Vertrauen, was ihre Reaktionen betrifft, sollte sie lieber nicht in das Übungsprogramm des Fohlens einbezogen werden. Sowohl die Zuhilfenahme eines verlässlichen „Onkelpferdes“ als auch das Training allein mit dem Fohlen sind mögliche Alternativen. Grundsätzlich sollten Übungseinheiten nicht länger als 20 Minuten dauern, und es ist wie immer wichtig, das Training in jedem Fall positiv zu beenden.

Um überhaupt erfolgreich ohne die Mutterstute arbeiten zu können, sollte dem eigentlichen Training eine schrittweise, zeitlich langsam gesteigerte Entwöhnung von der Mutter vorausgehen. Damit ist nicht die endgültige Entwöhnung von der Mutter gemeint, sondern nur eine zeitlich eng begrenzte Toleranz des Fohlens, von seiner Mutter getrennt zu sein. Zur sinnvollen Vorbereitung kann man anfangs in nur Minuten kurzen Einheiten Stute und Fohlen optisch trennen und die Zeitabstände langsam ausweiten. Hilfreich ist hierbei, die Stute abzulenken, indem man ihr zum Beispiel gerade dann ihre Kraftfuttermahlzeit verabreicht oder ebenfalls mit ihr gearbeitet wird. Dem Fohlen kann man dadurch helfen, dass man es mit einem anderen ruhigen Pferd zusammen sein lässt. Im Hinblick auf eine möglichst stressfreie endgültige Entwöhnung von der Mutter kann man fast nicht früh genug damit anfangen, Stute und Fohlen kurzfristig voneinander zu trennen.

3.4 Abgucken erlaubt: Die Nachahmung

Beim Lernen durch Nachahmung werden optisch oder akustisch wahrgenommene Verhaltensmuster eines Artgenossen kopiert. In der Verhaltensforschung wurden bestimmte Kriterien für echtes Lernen durch Nachahmung aufgestellt. Demzufolge hat ein Pferd nur dann etwas durch Nachahmung erlernt, wenn es allein aufgrund der zuvor gemachten Beobachtungen bei einem anderen Pferd ein neues Verhalten zeigt, das nicht angeboren ist.

Ohne dass es bisher wissenschaftlich erwiesen ist, wird oft angenommen, dass ein Fohlen von seiner Mutter durch das Prinzip der Nachahmung lernt, was gefressen werden kann und welches Futter möglicherweise besonders schmackhaft ist. So sind auch das Fressen von Gras und das Trinken von Wasser Verhaltensweisen, die vermutlich durch Nachahmung erlernt werden.

Vermutlich durch Nachahmung lernt das Fohlen, was das schmackhafteste Grün auf der Wiese ist – wissenschaftlich erwiesen ist dies allerdings noch nicht. Foto: Maierhofer

Allerdings ist auch denkbar, dass es einen Instinkt zum Grasen gibt, einen Drang, auf dem Boden nach etwas Fressbarem zu suchen – ebenso, wie aus einem Gewässer oder einer Pfütze Wasser zu trinken. Ob es sich bei diesem Vorgang also um reine Nachahmung, Instinktverhalten oder eine Mischung aus beidem handelt, müsste noch weiter wissenschaftlich untersucht werden.

Das Phänomen der Nachahmung machen wir uns auf jeden Fall zunutze, wenn wir mit der Mutterstute oder einem anderen ruhigen Pferd die verschiedenen Führ- oder Desensibilisierungsübungen trainieren. Fohlen haben außerdem eine starke Tendenz, die Gangart und Kadenz ihrer Mutter zu kopieren, und vermutlich wird auch ein großer Teil des Sozialverhaltens durch das Kopieren des Verhaltens der Mutter erlernt. Es kann also nicht genügend betont werden, wie wichtig ein guter Charakter und auch eine sorgfältige Erziehung

Gemeinsam auf der Flucht: Wenn ein Teil der Herde einen Grund zum Fliehen sieht, schließt sich der Rest diesem Verhalten an. Foto: van Damsen

bei Zuchtstuten ist. Wird die Stute in dieser Hinsicht vernachlässigt, ist der Nachwuchs umso schwerer zu erziehen. Die Mutterstute bestimmt mehr als jeder andere Faktor das Temperament des Fohlens – einerseits bereits durch genetische Faktoren, andererseits aber ganz entscheidend auch durch das Verhalten, das sie vorlebt.

3.5 Einer wie der andere: Die Stimmungsübertragung

Pferde haben als Herdentiere einen weiteren Lernmechanismus, der annähernd ebenso leistungsfähig ist wie das Lernen durch echte Nachahmung: die „soziale Anregung" oder Stimmungsübertragung. Ein Beispiel: In einer Herde wälzt sich erst ein Pferd, daraufhin wälzen sich auch die anderen. Der Unterschied zwischen Nachahmung und Stimmungsübertragung wird oft darin gesehen, dass bei der Stimmungsübertragung das gezeigte Verhaltensmuster bereits bekannt ist. Wenn also ein Fohlen beispielsweise mit einem älteren Pferd zusammen ist und dessen Fluchtverhalten nachahmt, kann man davon ausgehen, dass es das gezeigte Verhaltensmuster (die Flucht) bereits kennt, in diesem Moment jedoch durch die soziale Anregung bzw. Stimmungsübertragung veranlasst wurde, dieses Verhalten auch zu zeigen.

Die Stimmungsübertragung ist für das Pferd ein überaus wichtiger Faktor, weil er für das Überleben des einzelnen Tieres ganz entscheidend sein kann. Wenn das Pferd, das gerade den „Beobachtungsposten" innehat, während die anderen Pferde grasen, alarmiert den Kopf hochreckt und sich nicht sofort wieder beruhigt, ist dies ein ansteckendes Zeichen für die restlichen Mitglieder der Herde, die nun ebenfalls in einen Zustand erhöhter Alarm- und Fluchtbereitschaft versetzt werden.

Es ist generell typisch für junge Pferde, sich an älteren Pferden und insbesondere natürlich an ihrer Mutter zu orientieren und sich ihnen anzuschließen. Da es sich in der gleichen Situation wie seine „Lehrmeister" befindet, reagiert das Fohlen auf die gleichen Reize und imitiert mit seinem Verhalten seine Artgenossen. Der Mensch kann sich bei der Ausbildung des Pferdes das Prinzip der Stimmungsübertragung auf vielfältige Weise zunutze machen, wie wir in den weiteren Kapiteln noch sehen werden.

4

trennt. Dem Fohlen sollten in diesen Minuten ein ihm bekanntes und ruhiges „Onkel“- oder „Tantenpferd“, später optimalerweise gleichaltrige Artgenossen, an die Seite gestellt werden, für die Stute bietet sich die Gabe des Kraftfutters an. Während man die Dauer der Trennungen schrittweise erhöht, sollten Stute und Fohlen zunächst noch Sichtkontakt haben. Ungefähr ab der 16. bis 20. Lebenswoche kann man Stute und Fohlen über Nacht trennen. So kann der Milchfluss der Mutter allmählich abklingen und die endgültige Trennung fällt nicht so schwer. In dieser wichtigen Phase sollten wir das Fohlen durch gemeinsame Ausflüge mit uns beschäftigen und ihm damit beibringen, nicht an anderen Pferden zu kleben. Positive Beschäftigung kann verhindern, dass das Fohlen aus Frust über die Trennung Verhaltensstörungen wie Koppen und Weben entwickelt.

Die Fohlen-Vorschule:

Das richtige Lernprogramm für den Absetzer

Das Absetzen sollte sowohl dem Fohlen als auch der Mutterstute durch entsprechende Vorbereitung so angenehm und leicht wie möglich gemacht werden. Dies gelingt am besten, in dem man Fohlen und Stute bereits früh immer wieder für kurze Zeit voneinander

Wenn das Fohlen neben der endgültigen Trennung von der Mutter auch einen Ortswechsel erlebt, sollte ihm genügend Zeit für die Eingewöhnung in die neue Umgebung gegeben werden. Es ist sehr wichtig, dass Fohlen mit Gleichaltrigen aufwachsen dürfen, um ihr komplettes Spielverhalten ausleben zu können; optimalerweise haben sie zugleich Kontakt zu älteren Pferden, die ihnen die Spielregeln des Herdenlebens beibringen.

Wir wollen das junge Pferd keinesfalls überfordern und ihm Dinge beibringen, für die es noch nicht die körperlichen und psychischen Voraussetzungen mitbringt. Einige Züchter lassen ihre Fohlen relativ wild und beinahe ohne Kontakt zum Menschen aufwachsen. Eine gewisse Grunderziehung und der regelmäßige Umgang mit dem Menschen sind jedoch empfehlenswert und unter Umständen auch lebensnotwendig: Es kann zu traumatischen Erfahrungen kommen, wenn das Fohlen medizinisch versorgt werden muss, aber durch mangelnden positiven Kontakt zum Menschen verwildert ist. Auch Hufkorrekturen lassen sich nur stressfrei durchführen, wenn das Fohlen gelernt hat, vertrauensvoll die Hufe zu geben und auch einige Zeit aufgehalten zu werden. Es liegt in unserer Verantwortung als Aufzüchter, Ausbilder und Besitzer, die Trainingseinheiten dem Alter und Entwicklungsstand entsprechend zu dosieren und das Pferd weder zu über- noch zu unterfordern.

4.1 Sinnvolle Übungen bis zum ersten Anreiten

Alle Übungen, die das Saugfohlen bereits kennen gelernt hat, wiederholen wir zunächst mit dem Absetzer, um sie mehr und mehr zur Routine werden zu lassen. Dazu gehören vor allem

Nicht nur heben, sondern auch halten: Nach und nach muss der Absetzer lernen, auch länger nur auf drei Beinen zu stehen. Foto: Maierhofer

Führübungen sowie gemeinsame Ausflüge in der Gruppe und allein mit dem Menschen. Wichtig ist auch das Aufheben und Aufhalten der Hufe zur Vorbereitung auf den Schmied. Nun reicht es nicht mehr, das Bein kurz vom Boden zu heben; die Anforderungen müssen langsam gesteigert werden, sodass sich das Jungpferd auch etwas länger auf drei Beinen ausbalancieren kann, falls eine Hufkorrektur erforderlich ist. Wie immer halten wir die Übungseinheiten kurz und beenden sie positiv, da wir noch keine große Konzentrationsfähigkeit und Geduld erwarten können.

4.1.1
Das Anbinden

Das Anbinden verbinde ich mit dem Putzen: Zum einen ist das richtige, sensible Putzen etwas sehr Angenehmes für das Pferd, zum anderen bin ich immer in unmittelbarer Nähe. Dank der ausgeprägten Führübungen ist der Absetzer bereits daran gewöhnt, dem Druck des Halfters auf Genick und Nase zu weichen und nicht dagegen anzugehen. Zunächst kann man den Absetzer auf dem Putzplatz noch am Führstrick festhalten und ihn sanft wieder in die richtige Position bringen, falls er nicht stillsteht. Im weiteren Verlauf kann man den Strick durch einen Anbindering ziehen und vor dem ersten eigentlichen Anbinden in der Hand behalten. Diese Übungseinheiten sollten nicht zu lange dauern und es ist hilfreich, ein ruhiges Pferd nebenan angebunden stehen zu haben. Es sollte alles vermieden werden, was den Fluchtinstinkt bei dem jungen Pferd hervorrufen könnte. Später kann man in kontrollierter Weise Situationen üben, bei denen der Absetzer lernt, ruhig stehen zu bleiben, auch wenn sich hinter ihm etwas bewegt und lärmt. Der Kreativität sind keine Grenzen gesetzt – wichtig ist nur, dass die Sicherheit von Pferd und Mensch immer an oberster Stelle steht.

4.1.2
Der Wasserschlauch

Die erste Bekanntschaft mit fließendem Wasser fällt an einem sonnigen, warmen Tag besonders leicht. Zunächst sollten wir dem

Wenn schon das Fohlen erfährt, dass das Putzen etwas sehr Angenehmes sein kann, wird es auch das spätere Anbinden leicht akzeptieren. Foto: Maierhofer

Pferd die Gelegenheit geben, den Wasserschlauch zu inspizieren, man kann ihn leicht aufdrehen und das Pferd daraus trinken lassen. Bei besonders empfindlichen Pferden kann es helfen, die Beine zunächst mit einem nassen Schwamm abzureiben und das Wasser langsam aufzudrehen, sodass sich das Tier genügend an das Geräusch gewöhnen kann. Wie bei Kneippschen Güssen sollte das Abspritzen immer an dem Bein beginnen, das am weitesten vom Herz entfernt ist, also hinten rechts. Dazu halten wir das Pferd am Führstrick in der einen Hand und lassen das Wasser aus dem Schlauch zunächst neben dem Hinterhuf auf den Boden plätschern. Bleibt das Pferd ruhig stehen, arbeiten wir uns von unten an den Huf vor und begnügen uns damit, diesen nass zu spritzen. Bewegt das Pferd sich vom Wasser weg, bleiben wir, immer die gleiche Entfernung einhaltend, mit dem Wasserstrahl am Hinterbein.

Wird das Pferd sehr ängstlich, vergrößern wir den Abstand zwischen Wasser und Huf

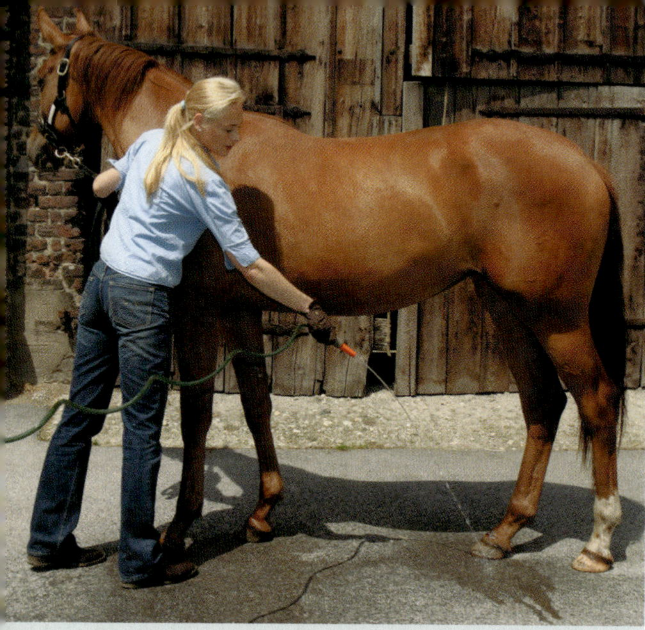

Nachdem das Pferd den Wasserschlauch inspizieren durfte, beginnt man mit dem Abspritzen der Beine – zuerst immer hinten rechts, an dem am weitesten vom Herz entfernten Bein. Foto: Maierhofer

und arbeiten uns, wenn es sich beruhigt hat, wieder konsequent an den Huf heran. In dem Moment, wenn das Pferd stehen bleibt, ziehen wir den Wasserstrahl wieder vom Huf weg und trainieren das Pferd somit schrittweise dazu, stehen zu bleiben. Schließlich können wir uns vom Huf aufwärts nach oben vorarbeiten. Das gleiche am linken Hinterbein, dann vorne rechts und schließlich vorne links. Mit der Zeit kann man dann die Intensität des Wasserstrahls steigern.

Die Arbeit mit dem Wasserschlauch sollte immer so angenehm wie möglich verlaufen. Die warmen Tage bieten sich dafür unbedingt an, damit wir langfristig eine positive Assoziation erzeugen. An einem besonders heißen Tag können wir dazu übergehen, das Pferd komplett abzuspritzen. Der Kopf und vor allem die Ohren und Nüstern sollten davon ausgenommen sein und mit einem Schwamm gesäubert werden.

4.1.3
Die Sprühflasche

Die Gewöhnung an eine Sprühflasche ist eine sehr sinnvolle Übung – vor allem, wenn unser junges Pferd gerne einmal mit Blessuren in den Stall kommt und ein Desinfektionsspray aufgetragen werden muss. Für viele Pferde ist das zischende Geräusch der Sprühflasche zunächst gewöhnungsbedürftig. Um die Assoziation so angstfrei und positiv wie möglich zu gestalten, lasse ich das Pferd die Flasche zunächst beriechen und ziehe sie dann wieder weg (Vorstoß und Rückzug). So errege ich Neugier, weil die Flasche „schüchtern“ reagiert.

Einige vertrauensvolle erste Begegnungen mit der Sprühflasche reichen, dann ist eine Angst vor dem späteren Einsprühen kein Thema mehr. Foto: Maierhofer

Nach einigen Wiederholungen, bei denen die Flasche zurückweicht, habe ich jede Besorgnis des Pferdes zerstreut, da die Flasche sich ganz anders als ein Raubtier verhält und stets zurückweicht. Zum Üben ist eine mit Wasser gefüllte Sprühflasche am besten geeignet, mit der wir zunächst am Pferd vorbeisprühen, um es an das zischende Geräusch zu gewöhnen. Wenn das Geräusch kein Problem mehr macht, sprühen wir kurz auf die Pferdeschulter, die wir zuvor mit einem Schwamm ein wenig nass gemacht haben können. Nach einigen Wiederholungen hat das junge Pferd sich auch daran erfolgreich gewöhnt.

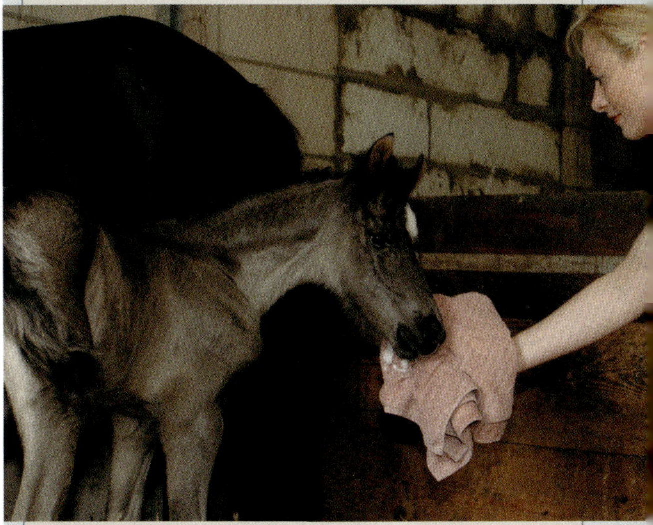

Das Fohlen bekommt zunächst die Gelegenheit, die Decke in Ruhe zu beschnuppern.

Das anschließende Abreiben an Hals, Schultern und Rücken ist für die meisten Fohlen keine große Sache. Fotos: Maierhofer

4.1.4 Die erste Sattel- und Fliegendecke

In gleicher Art wie bei der Gewöhnung an die Sprühflasche lasse ich das Pferd die Decke (zunächst eine kleine, handliche Satteldecke) erst einmal beriechen und ziehe sie dann zurück. Die Arbeit mit der Decke ist zumeist keine große Sache und recht schnell kann ich das Pferd am Hals und an Schultern und Widerrist damit abreiben. Systematisch, mit ruhigen, fließenden Bewegungen lasse ich die Decke über den ganzen Körper gleiten. Schließlich lege ich sie auf den Widerrist und wiederhole diesen Vorgang, bis das Pferd toleriert, dass ich sie ganz natürlich, wie bei einem ausgebildeten Reitpferd, einfach auflege. Zum Üben in den nächsten Wochen und Monaten nehme ich Decken unterschiedlicher Farbe, Größe und Materialien und beginne jeweils damit, sie über den Rücken des Pferdes zu schwingen.

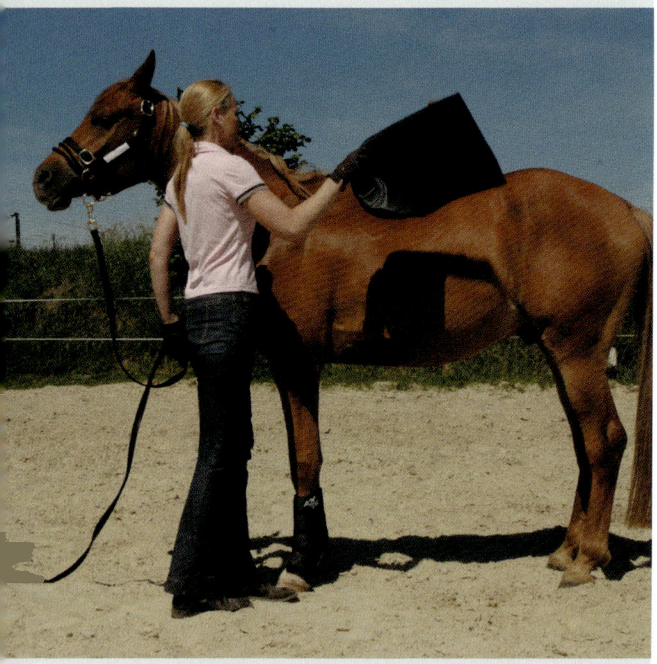

Was in frühester Kindheit verpasst wurde, kann man natürlich jederzeit nachholen, bis Decken in den verschiedensten Farben, Formen und Materialien akzeptiert werden. Foto: Maierhofer

Zum Schluss kann ich noch eine Fliegendecke anlegen. Falls diese mit Klettverschlüssen ausgestattet ist, mache ich das junge Pferd vorher mit dem Geräusch vertraut. Wie immer spare ich nicht mit Lob und Bewunderung, wenn das kleine Pferd alle Prozeduren brav über sich ergehen lässt.

4.1.5

Keine Angst vor Plastik

Um eine lebenslange positive Assoziation zu Plastik zu konditionieren, lege ich zunächst eine aufgerissene Plastiktüte mit Möhren auf den Boden und beobachte das junge Pferd dabei, wie es sie untersucht, um schließlich aus ihr die Möhren zu fressen. Ich verhalte mich hier ausnahmsweise passiv-beobachtend – wobei ich natürlich verhindern muss, dass das Pferd vor lauter Begeisterung die Tüte

Ist die Furcht vor kleinen Tüten besiegt, kann man die Arbeit mit größeren Folien fortsetzen. Foto: Maierhofer

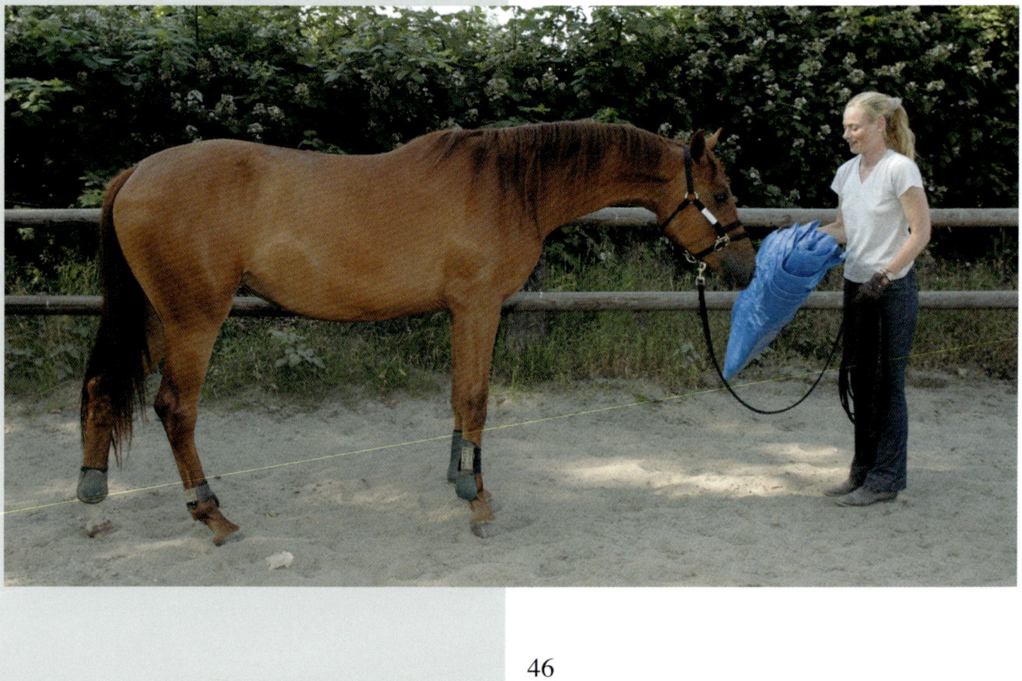

gleich mit verspeist. Sind alle Möhren verzehrt, beginne ich damit, das Jungpferd mit dieser Tüte abzustreichen. Immer die Reaktion beobachtend und je nach Lernfähigkeit des einzelnen Tieres steigere ich mich über sehr knisternde Tütenexemplare hin zu kleinen und größeren Folien.

4.1.6 Der Führstrick

Um das junge Pferd vor Unfällen durch Panikreaktionen zu schützen, wenn man einmal die Kontrolle über den Führstrick verliert, bereite ich junge Pferde systematisch in einer sicheren Umgebung auf diese Situation vor. Die Pferdebeine werden mit Gamaschen oder Bandagen vor Verletzungen geschützt, nachdem sie natürlich zuvor durch Abstreichen desensibilisiert wurden. Das Pferd sollte ein gut sitzendes, weiches Halfter tragen, das im Genick und auf der Nase zusätzlich durch Lammfell gepolstert werden kann. Das Training sollte in einer Reithalle, einem Round Pen oder einem gut eingezäunten Reitplatz stattfinden.

Wer möchte, kann auch hier in sehr kleinen, logischen Schritten vorgehen – ganz nach Temperament des Pferdes und eigener Erfahrung. So kann man zunächst mit einem sehr kurzen Führstrick beginnen, der dem Pferd bis zur Brust reicht. Das Pferd sollte frei laufen können und sich mit dem losen Strick am Halfter selbst auseinandersetzen dürfen. Hat das Pferd dies angstfrei akzeptiert, gehen wir zur nächsten Stufe über und nehmen ein längeres Führseil, das leicht über den Boden

Gelassenheit lernen: Zunächst mit dem Führstrick,...

... später auch mit der Longe soll das Pferd lernen, nicht in Panik zu verfallen, wenn es einmal versehentlich auf das über den Boden schleifende Ende tritt.
Fotos: Maierhofer

schleift, wenn wir es fallen lassen. Einige Pferde zeigen hier Angst- oder Schreckreaktionen; die meisten aber betrachten beim Laufen mit Neugier, wie das Führseil sie „verfolgt".

Wenn uns das Pferd gerne freiwillig hinterherläuft, können wir auch vorausgehen und dabei möglichst viel Ruhe ausstrahlen. Wir können auch ruhig in der Mitte stehen und das Pferd loben oder mit der Stimme beruhigen, wenn es sich einmal aufregen sollte. Im weiteren Verlauf können wir dann ein sehr langes Führseil und schließlich eine Longe benutzen. Es empfiehlt sich, das Seil gleichermaßen rechts und links hinterher ziehen zu lassen.

Tritt das Pferd auf das Seil, bremst es sich selbst aus. Manche Pferde bleiben nun einfach stehen – so, wie sie es von uns gelernt haben. Diese Reaktion lobe ich jedes Mal ausgiebig. Sinn dieser Übung ist allerdings viel mehr, dass das Pferd nicht in Panik verfällt, wenn das Seil oder die Longe über den Boden hinter ihm herschleift. So können Verletzungen durch panische Flucht weitestgehend minimiert werden. Je nach Reaktion des Pferdes sollte diese Übung einige Male wiederholt werden und auch hier kann es ratsam sein, sie an verschiedenen, immer jedoch absolut sicheren Orten und mit der gleichen Sorgfalt zu üben.

4.2 Die Geschichte von Pawlows Hund: Die klassische Konditionierung

Sehr viele Verhaltensweisen werden bei Fohlen, Jungpferd und Pferd durch klassische Konditionierung erlernt. Ausführlich erforscht und beschrieben hat sie der russische Forscher Iwan Pawlow. Pawlow interessierte sich eigentlich zunächst für die Menge und Zusammensetzung des Speichels bei Hunden und sammelte deshalb Speichelproben bei der Fütterung. Nach einigen Wiederholungen fiel ihm auf, dass die Hunde bereits anfingen zu speicheln, wenn sie Pawlows Assistenten mit den Futterschüsseln kommen sahen, also schon bevor sie zu fressen begannen. Darüber hinaus bemerkte er, dass die Hunde ebenfalls zu speicheln begannen, wenn der bestimmte Assistent, der den Hunden normalerweise das Futter brachte, bei ihnen auftauchte, ohne aber Futterschüsseln bei sich zu tragen.

Pawlows Interesse richtete sich nun darauf, dieses Phänomen genau zu analysieren. So arrangierte er ein Experiment, bei dem er immer kurz vor der Fütterung der Hunde eine Glocke ertönen ließ. Nach einigen wenigen Wiederholungen fingen die Hunde an, Speichel abzusondern, wann immer die Glocke ertönte, auch wenn daraufhin kein Futter gegeben wurde.

Im ersten Fall waren die Hunde also auf den Assistenten hin konditioniert, den sie mit der anschließenden Fütterung in Verbindung brachten. Im zweiten Fall wurde der Assistent durch den Glockenton ersetzt. Es findet hier also ein Lernvorgang statt, bei dem ein vormals neutraler Reiz eine Bedeutung bekommt, in dem er mit bestimmten Reizen assoziiert, verknüpft wird. Diese Art des Lernens wird als die „Pawlowsche" oder klassische Konditionierung bezeichnet.

Welche Bedeutung hat diese Art des Lernens beim Pferd? Generell kann man sagen, dass Pferde lernen, häufig auftretende Reize zu ignorieren, die für sie keine Konsequenzen haben. Andererseits lernen sie ebenfalls, einige vormals unkonditionierte Reize, die also keine Konsequenzen nach sich zogen, mit Reizen zu assoziieren, die eine Konsequenz beinhalten.

Im Gehirn passiert dabei Folgendes: Zu den beiden Reizen oder Sinneswahrnehmungen, die wiederholt kurz hintereinander wahrgenommen werden, stellt das Gehirn automatisch durch das Anlegen und Vertiefen von Nervenbahnen eine Verbindung her. In Pawlows Beispiel reagiert der Hund schließlich auf den zuvor unbedeutenden, jetzt aber konditionierten Reiz (den Assistenten) in der gleichen Weise wie zuvor auf den bereits bedeutungsvollen, unkonditionierten Reiz (die gefüllten Futterschüsseln). Es kommt dadurch zur so genannten konditionierten Reaktion – quasi ein vorbeugendes Handeln mit dem Ziel, die Überlebenschancen eines Individuums zu erhöhen.

Die klassische Konditionierung, wie sie von Pawlow erforscht wurde, bezeichnet im engen Sinn nur solche Lernvorgänge, bei denen angeborene, reflexartig ablaufende Reaktionen, wie Speichelabsonderung oder Lidschlagreflex, mit einem neuen Reiz verknüpft werden. Es gibt aber auch eine erweiterte Sichtweise der klassischen Konditionierung, die zusätzlich die Assoziation oder Verknüpfung von Gefühlen mit einem bestimmten Reiz und die daraus resultierenden Reaktionen beschreibt.

Lernen nach Pawlows Theorie: Ist mit dem Reiz – der Spritze des Tierarztes – eine unangenehme, nervös machende Atmosphäre verbunden, wird das Pferd diese Nervosität und ein entsprechendes Abwehrverhalten bei späteren Injektionen zeigen. Foto: Slawik

Ein Beispiel ist die Nervosität und der daraus resultierende Fluchtimpuls oder das Abwehrverhalten (konditionierte Reaktion), wenn der Tierarzt mit einer Spritze vor dem Pferd steht (konditionierter Reiz). Auch die Verknüpfung eines neuen Reizes mit einer zuvor erlernten Verhaltensweise kann als klassische Konditionierung angesehen werden. So kann bereits das heranfahrende Auto des Tierarztes ein Pferd nervös machen, das unangenehme Behandlungen oder Schmerzen fürchtet. Außerdem können ständig neue Reize mit einem bereits konditionierten Reiz verknüpft werden, sodass ganze Verkettungen von zuvor einzelnen Reizen entstehen.

Pferde erlernen sehr viele Verhaltensweisen durch die klassische Konditionierung. Entscheidend für den Erfolg dieser Art des Lernens ist der Zeitfaktor: Zum einen muss der konditionierte Reiz unbedingt vor dem unkonditionierten Reiz auftreten, damit eine Assoziation zustande kommen kann. Zum anderen aber muss der zeitliche Abstand möglichst gering sein: Die solidesten Verknüpfungen zwischen dem neu zu erlernenden und dem bereits etablierten Reiz erzielt man, wenn zwischen den beiden nur etwa 0,5 Sekunden liegen – die so genannte Kontiguität ist dann besonders groß. Bei einem Abstand über 2,5 Sekunden kann eine Verknüpfung nur unter sehr günstigen Lernbedingungen, vor allem ohne Ablenkung von außen, erfolgen.

Eine gewünschte Verknüpfung einzelner Reize kann nur erfolgreich sein, wenn beide wirklich konsequent unmittelbar nacheinander auftreten. Je öfter und stabiler bzw. enger der Zusammenhang zwischen dem neuen und dem alten Reiz während des Lernvorgangs ist, das heißt je größer die so genannte Kontingenz, umso stärker und stabiler wird die Assoziation.

Je öfter die neu geschaffenen Assoziationen im Gehirn bestätigt werden, desto fester wird die so genannte Korrelation, also die geschaffene Verknüpfung zwischen den beiden Reizen. Wie viele Wiederholungen für eine klassische Konditionierung benötigt werden, hängt neben den Faktoren Kontingenz und Kontiguität auch davon ab, welcher Reiz mit welcher Reaktion verknüpft werden soll. Die Biologie des Pferdes entscheidet darüber, welche Reize schnell oder leicht verknüpft werden und welche schwierig zu etablieren sind. Es gibt Reize, die für eine bestimmte Reaktion von Natur aus logischer für das Pferd sind als andere. Zudem ist es sinnvoll zu überlegen, welche Reize das Pferd aufgrund seines natürlichen Wesens und der Leistungen seiner Sinnesorgane mehr beachtet als andere.

4.3 Lernen durch Ausprobieren: Operante Konditionierung

Der wissenschaftliche Ausdruck für Lernen durch Versuch am Erfolg bzw. Misserfolg lautet operantes bzw. instrumentelles Konditionieren. Lernen durch Ausprobieren ist wohl die wichtigste Lernart für höhere Tierarten wie das Pferd. Die Amerikaner Thorndike und Skinner haben die operante Konditionierung bereits vor Jahrzehnten wissenschaftlich erforscht. Das hinter ihr stehende Prinzip: Die Konsequenzen, die ein Verhalten hat, beeinflussen sein Auftreten in der Zukunft.

Thorndike sperrte hungrige Katzen in eine Box mit einem Hebel. Wenn der Hebel gedrückt wurde, öffnete sich die Box, sodass die Katze frei war und Zugang zu einer gefüllten Futterschüssel hatte. Während die Katzen zunächst eher zufällig den Hebel betätigten, lernten sie sehr schnell, ihn absichtlich zu drücken, um sich zu befreien. Mit der Erfahrung der positiven Konsequenz, sich aus der Box befreien zu können, lernten die Katzen immer schneller, den Hebel zu betätigen, bis sie schließlich, sofort beim Einsetzen in die Box, gezielt den Hebel drückten. Zu Beginn war ihr Verhalten also zufällig und sie drückten quasi „aus Versehen" auf den Hebel, steuerten dieses Verhalten aber immer zielstrebiger, weil es durch den augenblicklichen Erfolg belohnt bzw. verstärkt wurde.

Tiere, aber auch Menschen führen nach diesem Grundsatz ständig bewusst oder unbewusst Versuchsreihen ihres eigenen Verhaltens durch und ziehen Schlüsse aus den Konsequenzen, die sich aus ihrem Verhalten ergeben, um ihren augenblicklichen Zustand zu optimieren. Eine angenehme Konsequenz, die sich aus einem Verhalten ergibt, wird dieses immer bestärken – in entsprechenden Situationen ist es dann sehr wahrscheinlich, dass dieses Verhalten wieder gezeigt wird. Umgekehrt wird die Wahrscheinlichkeit geringer, wenn ein direkter Misserfolg oder andere Unannehmlichkeiten die Folge sind.

Probieren, was passiert: Abhängig von der hier gemachten Erfahrung – Stromschlag oder Erfolgserlebnis – wird das junge Pferd einer ähnlichen Situation in Zukunft begegnen. Foto: Schmelzer

Positive Verstärkung: Das Pferd wird durch Streicheln belohnt, wenn es auf der Weide zu uns kommt. Foto: Maierhofer

4.4 Ja oder Nein: Belohnung und Bestrafung

Einem erfolgreichen Pferdetraining liegt in erster Linie das Etablieren konditionierter Reaktionen zugrunde. Dabei geht es darum, dass gewünschte Verhaltensreaktionen als Resultat ihrer Verstärkung immer öfter auftreten und die unerwünschten aufgrund der „negativen Verstärkung" immer seltener gezeigt werden.

Durch das operante Konditionieren kann das Pferd sein Verhalten innerhalb bestimmter Grenzen verändern und sich damit besser an seine Umwelt anpassen. Diese Art des Lernens ist für uns als Ausbilder und Besitzer nicht nur in Trainingssituationen relevant, sondern immer dann, wenn das Pferd etwas tut, das Konsequenzen irgendeiner Art nach sich zieht.

Das grundlegende Prinzip bei der Konditionierung ist die Verstärkung. Darunter verstehen wir ganz allgemein die Konsequenzen aus dem Verhalten eines Pferdes, die sein künftiges Verhalten in einer gleichen Situation beeinflussen werden. Verstärkung ist demnach nicht rein positiv zu sehen: Das Pferd fällt in diesem Fall seine eigene Entscheidung, was es als positiv sieht oder nicht; zudem werden wir den Begriff des „negativen Verstärkers“ im Folgenden kennen lernen.

Disziplinierung als auch Belohnung kann man weiterhin in „positiv“ und „negativ“ einteilen. Dazu ist es erforderlich, sich von den subjektiven Assoziationen von „positiv = angenehm“ bzw. „negativ = unangenehm“ zu entfernen. In der Lernpsychologie wird „positiv“ mathematisch verwendet: Etwas kommt hinzu oder beginnt. „Negativ“ bedeutet demnach, dass etwas aus der Situation entfernt bzw. beendet wird.

Somit kann ein bestimmtes Verhalten verstärkt werden, in dem als Folge dieses Verhaltens etwas Positives beginnt. Dies wird als „positive Verstärkung“ bezeichnet. Bei der „negativen Verstärkung“ wird etwas Unangenehmes (wie z.B. ein pulsierender Druck) aus der Situation entfernt bzw. beendet.

Ein paar Beispiele zur Verdeutlichung:

Bei der *positiven Verstärkung* folgt eine positive Konsequenz auf das Verhalten, sodass dieses Verhalten in Zukunft häufiger ausgeführt wird.

Das Pferd kommt auf der Weide auf uns zu und wird mit schmeichelnden, sanften Worten und einem Streicheln zwischen den Augen oder einem Kraulen am Widerrist belohnt. Gewünschtes Verhalten wird durch Loben honoriert und damit verstärkt. Dies ist die wichtigste und erfolgreichste Art, ein Pferd optimal zu trainieren und sollte möglichst oft Verwendung finden.

Die *negative Verstärkung* arbeitet damit, dass beim Auftreten eines bestimmten Verhaltens ein als negativ empfundener Zustand beendet wird, sodass das Verhalten dann häufiger oder schneller auftritt als früher.

Um den Pferd das Rückwärtstreten beizubringen, stellen wir uns frontal vor das Pferd und üben pulsierenden Druck auf das Halter aus, der langsam ansteigt. Hebt das Pferd ein Vorderbein, um einen Schritt rückwärts zu gehen, lässt der von uns ausgeübte Druck am Halfter sofort nach.

Bei der *positiven Bestrafung bzw. Disziplinierung* folgt eine negative Konsequenz auf das unerwünschte Verhalten, sodass die Auftretenswahrscheinlichkeit dieses Verhaltens sinkt.

Das Pferd überholt uns beim Führen und rennt voraus, wir drehen uns um unsere eigene Achse und wechseln die Richtung, sodass wir wieder vorne sind. Durch Anziehen des Führstricks wird Druck auf das Halfter ausgeübt und es entsteht ein unangenehmer Druck am Kopf des Pferdes. Sobald das Pferd wieder brav hinter uns geht, lässt der unangenehme Druck nach.

Der *negativen Bestrafung bzw. Disziplinierung* liegt der Ansatz zugrunde, dass aufgrund eines Verhaltens ein angenehmer Reiz weggenommen wird. Dadurch wird das Verhalten weniger gezeigt.

Man geht zur Box des Pferdes und möchte ihm eine Möhre in den Trog legen. Das Pferd reagiert futterneidisch, legt die Ohren zurück und wird unfreundlich. Man belohnt dieses unfreundliche Verhalten nicht, sondern isst die Möhre selbst und teilt sie nur mit dem Pferd, wenn es mit freundlich gespitzten Ohren und unaggressivem Verhalten abwartet, bis die Möhre im Trog liegt.

Positive Disziplinierung: Wenn das Fohlen überholen will, wechselt der Mensch die Richtung, um wieder vor das Fohlen zu kommen. Zusätzlich entsteht durch das Annehmen der Longe ein unangenehmer Druck am Halfter. Foto: Maierhofer

4.4.1
Der feine Unterschied: Positive Disziplinierung und negative Verstärkung

Bei der negativen Verstärkung dient die unangenehme Einwirkung dazu, das Pferd zu einem bestimmten Verhalten zu veranlassen. Somit beginnt sie vor dem Verhalten, das negativ bestärkt werden soll. Wenn das Pferd das gewünschte Verhalten zeigt, wie in unserem Beispiel das Rückwärtstreten, hört die negative Einwirkung sofort auf.

Bei der positiven Disziplinierung erfolgt die unangenehme Einwirkung erst, wenn unerwünschtes Verhalten auftritt. Dies führt in der Regel dazu, dass das Pferd sich an die unangenehmen Konsequenzen erinnert und oft schon nach drei Wiederholungen das unerwünschte Verhalten nicht mehr auftritt.

4.4.2
Der richtige Augenblick: Das Timing bei Konditionierungsprozessen

Die Belohnung bzw. die Disziplinierung muss dem Verhalten oder der Aktion des Pferdes unmittelbar folgen, um von dem Pferd richtig verstanden zu werden. Es geht hier um wenige Sekunden Reaktionszeit. Ein Mensch kann noch Stunden, Tage oder sogar Jahre später eine Verknüpfung zu seinem Verhalten herstellen, wenn er gelobt oder getadelt wird. Beim Pferd hingegen ist das dazu notwendige Areal der Hirnrinde vergleichsweise gering ausgebildet – wir als Trainer und Besitzer müssen also dafür sorgen, dass dem Pferd unmittelbar klar wird, ob sein Verhalten gewünscht war oder nicht.

Das Leckerchen nach dem Reiten wird deshalb vom Pferd niemals als eine Belohnung für die vorangegangene Performance in der Reitbahn angesehen, sondern allenfalls als Belohnung für die augenblickliche Tätigkeit, zum Beispiel das Beenden der Reitstunde. Genauso wenig sinnvoll sind vermeintliche

Das richtige Lob im richtigen Moment: Damit das Pferd versteht, dass es etwas gut gemacht hat, muss die Belohnung innerhalb von Sekunden erfolgen. Foto: Maierhofer

„Ratschläge", ein in der Reitstunde unwilliges Pferd anschließend doch mal so richtig in der Box zu strafen, da der zeitliche Abstand hier viel zu groß ist. Ein solches Handeln muss als äußerst tierschutzwidrig bezeichnet werden und wird das Pferd höchstens dazu veranlassen, Verteidigungsverhalten in seinem Territorium zu zeigen. Darüber hinaus wird das Pferd diesen Menschen in Zukunft zu Recht schlichtweg meiden, weil es ihm nicht mehr vertrauen kann.

Richtiges Verhalten zeitlich exakt zu konditionieren ist leicht, wenn man sich immer wieder das enge Zeitfenster für den Erfolg bewusst macht. Ein lobendes Wort ist immer angebracht, wenn wir erkennen, dass das Pferd sich anstrengt, das Richtige zu tun.

4.5 Belohnung und Bestrafung aus der Sicht des Pferdes

Um zu verstehen, was Belohnung und Bestrafung für ein Pferd bedeuten, müssen wir seine Psychologie etwas genauer betrachten. Pferde sind Fluchttiere, deren primäre Strategie gegen Raubfeinde darin besteht,

Das Wälzen ist ein Komfortverhalten und wichtig für das Wohlbefinden des Pferdes. Foto: Slawik

zuallererst die Flucht zu ergreifen, um dann die Situation zu überprüfen, ob die Flucht angebracht war und ob weiteres Flüchten angemessen ist. Wird das Pferd eingeengt, sodass es nicht flüchten kann, versucht es unter Umständen, sich durch aggressives Verhalten wie gezieltes Beißen und Treten zu verteidigen.

Pferde sind außerdem sehr soziale Tiere, die sich in Freiheit immer in einem Herdenverband mit komplexer hierarchischer Struktur organisieren. Der soziale Verband zu den anderen Pferden sichert das eigene Überleben, da es so viel weniger aufwändig ist, Raubfeinden zu entgehen. Darüber hinaus betreiben befreundete Pferde gegenseitige Fellpflege und spielen auch gerne miteinander. Pferde fühlen sich wohl, wenn sie einem erfahren, verantwortungsbewussten Leitpferd folgen können und nicht alle sie betreffenden Entscheidungen selbst fällen müssen.

Sie sind aufgrund ihres spezifischen Verdauungssystems darauf ausgelegt, viele Stunden am Tag mit der Nahrungsaufnahme zu verbringen und sich dabei frei fortbewegen zu können. Zu der freien Fortbewegung gehört auch das Erkundungsverhalten, da Pferde von Natur aus neugierig sind.

Zu den primären Bedürfnissen eines Pferdes zählen somit die Sicherung seines eigenen Überlebens sowie das seiner Art, während es ein möglichst komfortables Leben in seinem Sinne führt.

Wir können also festhalten, dass die folgende Lebensweise für ein Pferd äußerst angenehm und komfortabel ist:

1. Ausgedehnte Perioden ungestörter Nahrungsaufnahme
2. Soziale Interaktion mit Artgenossen
3. Spielen und Austoben, ansonsten eher ruhige Bewegung bei der Nahrungsaufnahme
4. Erkundungsverhalten und Komfortverhalten wie Wälzen und Scheuern
5. Ein gefestigter Herdenverband mit klarer Aufgabenverteilung zum Schutz des Individuums

Bei Betrachtung dieser Aufzählung wird schnell ersichtlich, welche Maßnahmen demzufolge bestrafend auf ein Pferd wirken würden. Als Ausbilderin, die einen gewaltfreien Umgang mit Pferden propagiert, lehne ich es prinzipiell ab, ein Pferd mit der Hand oder Gegenständen wie Gerte und Besen zu schlagen. Aus eigener Erfahrung weiß ich, dass darauf selbst bei der Ausbildung und Korrektur

Freie Bewegung zusammen mit Artgenossen in einer fest strukturierten Herde: Eines der Grundbedürfnisse eines jeden Pferdes. Foto: Maierhofer

sehr schwieriger Pferde vollständig verzichtet werden kann. Gewalt ist keine Erziehungsmethode für einen wertvollen Freizeitpartner. Wenn Ihnen Ihr Ausbilder zu solchen Maßnahmen rät, finden Sie einen anderen, der durch Kreativität und Wissen andere, konstruktivere Lösungsvorschläge bereit hält. Ein leider häufig vorgebrachtes Argument lautet, dass Pferde miteinander auch nicht gerade zimperlich umgehen. Sicher ist es richtig, dass sich Pferde vor allem dann, wenn Sozialverhalten nur eingeschränkt erlernt wurde oder nur bedingt ausgelebt werden kann, bei ungeklärter Rangfolge manchmal Verletzungen zufügen. Doch dies sollte für Sie kein Grund sein, auf eben diesem Niveau mit Ihrem Pferd umzugehen.

Es kann sehr viel Spaß machen, sich kreative Lösungen einfallen zu lassen, um das Aufkommen von Problemen zu verhindern oder bestehende Probleme aufzulösen. Wenn Ihr Pferd fünf verschiedene Alternativen hat, um ein gewünschtes Verhalten nicht auszuführen, sollten Sie sechs verschiedene Lösungswege bereithalten.

4.5.1 Das tut gut: Primäre positive Verstärker

Um herauszufinden, welches die primären positiven Verstärker für ein Pferd sind, haben wir uns bereits das natürliche Idealleben eines Pferdes angeschaut, angelehnt an das Leben

Pferde müssen ihre Nahrung nicht „erjagen", es wächst ihnen vor den Füßen – deshalb hat Futter als Belohnung für Pferde keinen so hohen Stellenwert wie für Raubtiere. Foto: Maierhofer

in freier Wildbahn. Auch in ca. 6000 Jahren Domestizierung durch uns Menschen sind die Vorlieben für diesen Lebensstil unverändert. Wir können uns an diesen Vorlieben orientieren, um dem Pferd eine möglichst artgerechte Haltung zu bieten, aber auch, um es erfolgreich zu trainieren.

Kontroverses Thema: Futter als Belohnung

Da das Pferd als Pflanzenfresser natürlicherweise nur den Kopf senken muss, um Fressbares zu finden und nicht wie ein Raubtier eine Beute erjagen muss, hat Futter als Belohnung nicht den Stellenwert wie für ein Raubtier. Dennoch kann es leicht lernen, dass es mit Futter für etwas belohnt wird. Das Verdauungssystem des Pferdes ist so strukturiert, dass es auch heute noch im Idealfall 10 bis 18 Stunden täglich mit der Nahrungsaufnahme beschäftigt ist. Gemeint ist hier relativ eiweißarmes und damit energieloses Steppengras, etwa mit Stroh vergleichbar, nicht Kraftfutter oder energiereiches „Kuhgras", wie es meistens für Pferde auf unseren Weiden verfügbar ist. Trotzdem wird eine Belohnung in Form von Futter normalerweise jederzeit gerne vom Pferd angenommen und ist daher ein primärer positiver Verstärker.

Ob es richtig ist, ein Pferd mit Futter zu belohnen, wird unter Fachleuten des Pferdetrainings kontrovers diskutiert. Es gibt sehr erfolgreiche Ausbildungsinstitute (zum Beispiel die Spanische Hofreitschule, der Zirkus

Knie), die äußerst effizient mit Futterbelohnungen arbeiten. Andere Trainer verdammen Futter als Belohnung komplett. Aus meiner praktischen Erfahrung weiß ich, dass aus dem Füttern von Leckerchen oftmals Probleme zwischen Pferden und ihren Bezugspersonen entstehen. Oft gibt es weniger Schwierigkeiten, wenn man Belohnungen durch Futter komplett weglässt. Jeder einzelne ist hier aufgefordert, die beste Methode für sich, das spezielle Pferd und die besondere Situation zu finden.

Schauen wir uns einfach die Vor- und Nachteile von Futterbelohnungen an: Die unangenehmste Begleiterscheinung ist sicherlich, dass Pferde uns sehr schnell als die wandelnden „Leckerchenspender" identifizieren, wenn wir einmal damit angefangen haben, Futter aus der Hand zu geben. Probleme gibt es vor allem dann, wenn Futter nicht kontextbezogen, nach einer gut ausgeführten Aktion, gegeben wird, sondern einfach „zwischendurch". Das Pferd fühlt sich dann dazu aufgefordert, in unseren persönlichen Bereich einzudringen, um unsere Hände und Taschen nach Fressbarem abzusuchen und vielleicht hier und da mal einen kleinen Kneifer mit den Zähnen anzubringen als Aufforderung, mehr zu erhalten. Es gibt Pferde, die wegen eines Leckerchens total „aus dem Häuschen" geraten und dabei jedes Benehmen vergessen. Gefährlich können Situationen werden, bei denen man darauf angewiesen ist, mit einem gefüllten Futtereimer eine Pferdeweide zu betreten, da man leicht eine Rangelei auslösen kann, in die man dann verwickelt ist.

Futter aus der Hand: Als Belohnung nicht immer unproblematisch, zur Gymnastizierung aber sehr wertvoll. Foto: Maierhofer

Obwohl man ein Raubtier sicher besser mit Futter belohnen kann als ein Pferd, empfinden auch Pferde das Futter als etwas grundsätzlich Positives. Wenn wir das Pferd von der Weide holen und es stets ein paar Möhren oder andere schmackhafte Dinge in seinem Trog vorfindet, wird es wesentlich leichter für uns sein, das Pferd immer problemlos von der Weide zu holen. Futter kann auch sehr hilfreich dabei sein, ein verängstigtes Pferd dazu zu bringen, für den Tierarzt stillzustehen: Das Pferd entspannt sich beim Kauen und wird dadurch leicht beruhigt – das Futter schafft hier zudem sicher eine weitaus positivere Assoziation als eine Nasenbremse. Nicht zuletzt sind gerade Möhren eine hervorragende Hilfe, um für physiotherapeutische Übungen das Pferd zu veranlassen, sich zu strecken.

Der Mensch als Partner: Soziale Interaktion

Wenn das Pferd im Menschen einen angenehmen Sozialpartner hat, wird es gerne mit ihm zusammen sein und sich anstrengen, alles für ihn „richtig“ zu machen. Was ist ein angenehmer Sozialpartner? Wie wir oben gesehen haben, organisieren sich Pferde immer im Herdenverband und sind ungerne allein. Die wenigsten Pferde sind vom Typ her „soziale Aufsteiger“ und möchten Herdenchef sein. Dieser Job beinhaltet viel Verantwortung und nicht nur die Vorzüge, als Erster fressen zu dürfen oder andere nach Belieben zu vertreiben. Die allermeisten Pferde folgen lieber vertrauensvoll jemandem, der sich auskennt und die richtigen Entscheidungen für sie trifft – jemandem, der Ruhe und Souveränität ausstrahlt und der auch in Gefahrensituationen richtig handelt. Hierin liegt für uns Besitzer und Trainer eine große Herausforderung und schöne Aufgabe, unseren Pferden zuliebe solche verantwortungsbewussten und umsichtigen Sozialpartner zu sein.

Die meisten Pferde folgen gern vertrauensvoll einem Menschen, der als umsichtiger Sozialpartner die richtigen Entscheidungen trifft. Foto: Slawik

Zu der sozialen Partnerschaft gehört als zweiter wichtiger Aspekt der Sozialkontakt, der für alle sozial lebenden Lebewesen eine eindeutige Verstärkerfunktion besitzt. So stellt schon das Putzen unseres Pferdes einen sozial bindenden Akt dar, vor allem weil die Individualdistanz hier ständig von uns durchbrochen wird. Pferde etablieren und verfestigen ihre Freundschaften untereinander durch das gegenseitige Fellkraulen und -beißen, besonders an Stellen, die für sie selbst schwierig oder gar nicht erreichbar sind. So können wir unser Pferd durch Kraulen, Streicheln und Massieren belohnen und unsere gemeinsame Beziehung stärken. Beobachten Sie Ihr Pferd und finden Sie heraus, was ihm am besten gefällt.

Pausen gehören dazu: Die Erholung

Das Pferd ist normalerweise ein sehr lauffreudiges Wesen. Vor allem heutzutage, wo die

Kurze Erholungspausen im Schritt am langen Zügel sollten immer wieder im Laufe der Arbeitseinheit eingelegt werden.
Foto: Maierhofer

meisten Pferde gut gefüttert kein übermäßiges Arbeitspensum mehr leisten, müssen sie ihre überschüssigen Energien durch Toben und Rennen abbauen.

Hat unser Jungpferd jedoch nach intensiver Aufwärmphase und anschließender lösender Arbeit einige Aufgaben in angehender Versammlung an der Doppellonge bewältigt, wird es eine Schrittpause an den hingegebenen Longierleinen zu schätzen wissen. Die allermeisten professionellen Ausbilder wissen, dass die Phasen von Spannung und Entspannung bei der Arbeit dem speziellen Rhythmus des Pferdes folgen müssen. Es widerspricht der Psychologie und auch den körperlichen Voraussetzungen des Pferdes, wenn man ihm während der gesamten Longeneinheit oder über die Dauer einer Reitstunde konstant gleich bleibende Leistungen abverlangt, ohne dass sich Seele und Muskeln zwischendurch entspannen dürfen.

Das Entspannen und Ausruhen von Körper und Geist ist daher ebenfalls als ein primärer positiver Verstärker bei der Ausbildung von Pferden anzusehen.

4.5.2 Lernen, was gut ist: Sekundäre positive Verstärker

Ein sekundärer positiver Verstärker muss erst erlernt werden, um als solcher empfunden zu werden. Das Kraulen an der Stirn, das überzeugt ausgesprochene „Brav“ oder auch der Click beim Clickertraining sind Belohnungen, deren Bedeutung ein Pferd zunächst nicht kennt.

Gut gemeint, aber unverständlich für das Pferd: Besser als das Klopfen des Halses wäre ein Kraulen am Widerrist als Zeichen der Belohnung. Foto: Slawik

Grundlegend wichtig beim Etablieren eines sekundären positiven Verstärkers ist, dass wir bereits vorher eine positive Beziehung zum Pferd aufgebaut haben. So ist es dem Pferd nicht gleichgültig, ob es unsere Wünsche erfüllt oder nicht. Ein Pferd, das uns mag, wird immer nach seinem besten Verständnis versuchen, unsere Wünsche zu erfüllen.

Streicheln und Klopfen: Die Berührung

Ein wildes Pferd, das ohne menschlichen Kontakt aufgewachsen ist, muss erst einmal lernen, die Belohnung durch Streicheln eines Menschen auch als solche zu empfinden. Für das wilde Pferd bedeutet die Anwesenheit eines Menschen in den meisten Fällen erst einmal Stress. Durch Habituation lernt das Pferd, den Menschen als etwas Positives anzusehen, denn er bringt Futter und Wasser und bedeutet auch soziale Gesellschaft. Nach einer Weile, wenn man das Pferd an Schulter oder Widerrist berühren darf, belohnt man es damit, dass man sich sofort wieder entfernt. Schließlich wird das Pferd lernen, dass wir es niemals verletzt haben und dass ein Kraulen am Widerrist vielleicht doch ganz angenehm ist. Im positivsten Szenario lernt das Pferd darüber hinaus, dass wir im Ganzen angenehm sind: Wir werden zu einem generalisierten positiven Verstärker.

In Deutschland weit verbreitet ist das mehr oder weniger heftige Klopfen des Pferdehalses als Zeichen der Belohnung. Dies ist bestenfalls ein sekundärer positiver Verstärker, der im natürlichen Repertoire des Pferdes nicht vorhanden ist. Das Pferd kann aber offensichtlich lernen, dass dies vom Menschen positiv gemeint ist. Gefährlich ist diese für Pferde unnatürliche Art von Belohnung, wenn man sie allein anwendet und direkte positive Verstärker wie ein Nachlassen des Drucks vergisst. Es ist sicher überlegenswert, ob man nicht lieber zu einem Streicheln am Widerrist oder sanften Kraulen übergeht, das dem natürlichen Verhalten des Pferdes wesentlich näher kommt. Es ist wissenschaftlich erwiesen, dass diese Berührungen die Herzfrequenz der Pferde senken und somit eine beruhigende Wirkung haben.

Vor allem, wenn man Pferde mit feinen Hilfen reiten möchte, sollte man es sich gründlich

Wenn wir eine Belohnung ernst meinen, können positive Worte unsere Stimmung unterstützen. Foto: Maierhofer

überlegen, in welcher Stärke man auf den Hals oder andere Körperstellen seines Pferdes klopft und dadurch in Kauf nimmt, dass es dort auf Berührungen abstumpft. Studieren Sie einfach die Reaktionen Ihres Pferdes und beobachten Sie, was ihm gut gefällt und was nicht.

Sprich mit mir: Die verbale Belohnung

Ein wichtiges Element beim Belohnen von Pferden ist die verbale Belohnung. Auch wenn das Kommunikationssystem des Pferdes in erster Linie auf nonverbalen Zeichen aufgebaut ist, kennt und verwendet es selbst bestimmte akustische Signale. Viel weniger wichtig als das, was wir dem Pferd zur Belohnung sagen, ist unsere freundliche, warme Stimmlage, aus der hervorgeht, dass wir es wirklich so meinen. Ein lapidar formuliertes „fein gemacht" wird daher nie seinen Zweck erfüllen. Können wir aber im Gegensatz dazu mit dem Brustton der Überzeugung herzlich „fein gemacht" sagen, kommt die Emotionalität der Aussage beim Pferd richtig an und es weiß augenblicklich, dass es etwas richtig gemacht hat.

Problematisch wird das Sprechen mit dem Pferd, wenn der Mensch annimmt, das Pferd würde uns doch genau verstehen und würde sich nur aus bösem Willen weigern, das Richtige zu tun. Wir können vom Pferd kein allzu großes Verständnis für unsere wichtigste Kommunikationsform, die Sprache, erwarten. Einige Autoren geben an, dass Pferde etwa 10 bis 15 Wörter und ihre Bedeutungen begreifen lernen können. Komplexe Sätze wie "Wieso gibst du mir nicht den Huf, du dummer Junge, gib jetzt endlich Huf, kannst du nicht einmal was richtig machen..." gehören sicherlich nicht dazu. Problematisch dabei ist, dass der Besitzer sich in dem Moment nicht damit auseinandersetzt, wie er seine Kommunikation verbessern könnte (etwa sanft an der Sehne entlang streichen, anstatt am Fesselkopf zu zerren), um die gewünschte Reaktion vom Pferd zu bekommen. Es gibt Pferdebesitzer, die davon ausgehen, ihr Pferd würde schon irgendwie instinktiv wissen, was man von ihm erwartet. Man sollte sich jedoch immer vor Augen halten, dass viele Dinge, die wir als völlig normal im Umgang mit Pferden erachten (wie das Hochheben der Hufe), erst erlernt werden müssen und zudem ein Vertrauen des Pferdes gegenüber dem Menschen voraussetzen. Abgesehen davon beeinflusst die negative Einstellung, die in einer solchen Äußerung gegenüber dem Pferd mitschwingt, den Trainingsverlauf ebenfalls negativ.

Der Trick mit dem Click: Das Clickertraining

Beim Clickertraining wird eine Futterbelohnung mit einem Click-Geräusch assoziiert, sodass das Click-Geräusch schließlich selbst etwas Positives darstellt. Die Idee stammt aus dem Delphin- bzw. Seehundtraining, wo es den Trainern auf diese Weise gelang, ein gewünschtes Verhalten auch auf eine größere Entfernung hin zu belohnen.

Obwohl das Clickertraining sicherlich eine sehr humane Methode im Umgang mit Pferden ist, ist es in der Praxis nicht so einfach umzusetzen. Das absolut korrekte Timing und die konsequente Übereinstimmung sind absolut entscheidend für gute Ergebnisse. Es kann sehr schnell passieren, dass man aufgrund des falschen Zeitpunktes eines Clicks dem Pferd etwas beibringt, das man eigentlich nicht gewollt hat.

(Unser Buchtipp: „Pferdetraining mit dem Clicker" von Alexandra Kurland, Cadmos Verlag).

Gut vorbereitet in die Grundschule:

Das ABC für junge Pferde

Jede Lernmethode, die wir bei der Ausbildung anwenden, dient dazu, das junge Pferd schonend und artgerecht auf seine spätere Rolle als Reit- oder Fahrpferd vorzubereiten. Je präziser wir einzelne Trainingsschritte planen und vorbereiten, desto leichter machen wir es dem Pferd von Anfang an, ein verantwortungsvoller und lebenserfahrener Freizeitpartner zu werden. Mit der korrekten Vorbereitung gelingt das Anreiten einfach und spielerisch und muss nicht zu einer traumatischen Erfahrung werden, wie sie es ein unvorbereitetes Jungpferd oft erlebt.

5.1 Einfach ignorieren: Die Auslöschung oder Extinktion

Ein junges Pferd sollte lernen, allein und ruhig angebunden zu stehen. Für das Fluchttier Pferd ist dies sicher keine logische Sache, für uns als Reiter und Besitzer aber eine unumgängliche Notwendigkeit. Manches junge Pferd scharrt mit den Vorderbeinen, wenn es angebunden stehen soll – als Zeichen von Frust oder Langeweile vielleicht, auf jeden Fall aber um auszudrücken, dass ihm die Situation nicht

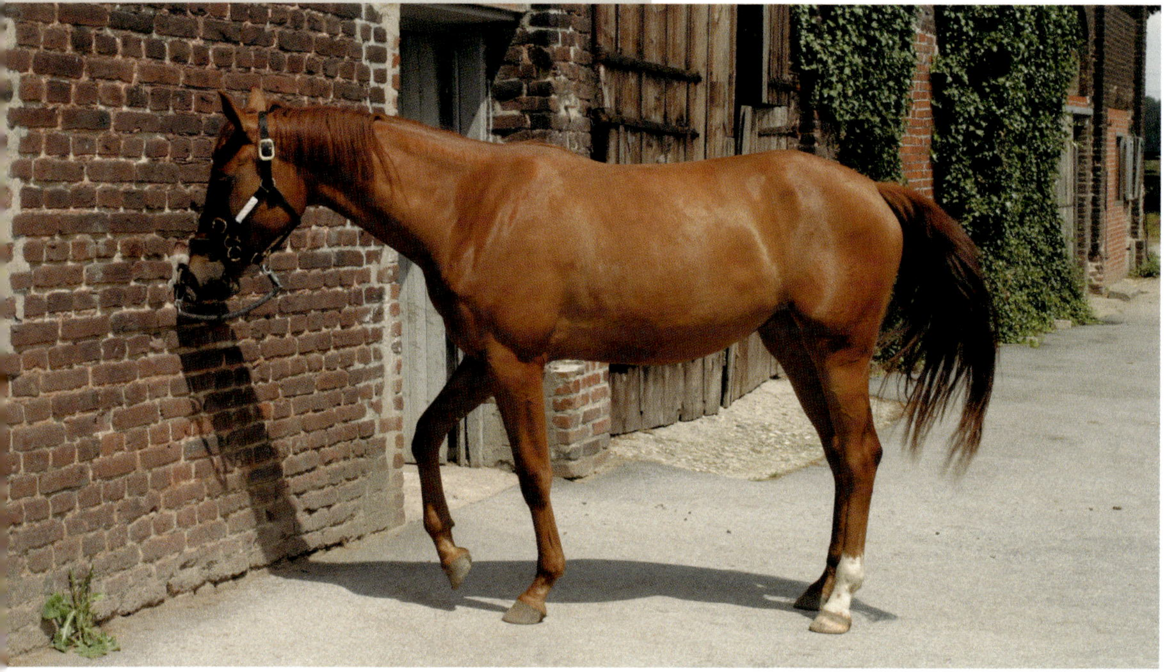

Nichtbeachtung ist hier am wirksamsten: Jede Form der Aufmerksamkeit – auch wenn sie als Tadel gemeint ist – empfindet das Pferd als Belohnung. Foto: Maierhofer

angenehm ist. Viele Menschen machen dann einen großen Fehler und sprechen mit ihrem Pferd oder rufen ihm eine unliebsame Bemerkung zu in der Hoffnung, das Pferd wäre dann vielleicht einsichtig und würde das unerwünschte Verhalten unterlassen. Was dem Menschen in dieser Situation oft nicht bewusst ist: Die Aufmerksamkeit, die er seinem Pferd damit schenkt, auch wenn sie nicht positiv gemeint ist, stellt für das Pferd eine Belohnung dar. Es wäre weitaus besser, das Problem „auszusitzen“ und das Verhalten des Pferdes einfach zu ignorieren. Das bedeutet auch, dass Sie auf keinen Fall in dem Moment zu dem Pferd gehen, so lange es scharrt. Warten Sie vielmehr, bis es aufgehört hat. Indem sein Verhalten also überhaupt nicht beachtet wird – auch nicht durch tadelnde Aufmerksamkeit – erkennt das Pferd schließlich, dass sich das Scharren nicht lohnt, und wird es daraufhin einstellen.

Es gibt einige weitere Situationen, in denen es das Beste ist, das unerwünschte Verhalten eines Pferdes zu ignorieren und es dadurch zu bestrafen, dass es keinerlei Beachtung durch uns findet. Positive wie negative Disziplinierung bedeuten immer Aufmerksamkeit und damit Sozialkontakt, auch wenn diese negativer Art sind. Manches provozierende Verhalten des jungen Pferdes sollte daher ignoriert werden, denn oft geht es nur darum, die eigenen Grenzen auszutesten. Wenn das Pferd nach einigen Widerholungen lernt, dass ein bestimmtes Verhalten keinerlei Beachtung findet, kann dieses Verhalten schnell aussterben.

Das Ignorieren ist oft eine elegante Lösung von Erziehungssituationen mit Pferden und gelingt am besten, wenn ein Pferd es gewöhnt ist, durch viel Lob konditioniert zu werden, da ihm die totale Missachtung dann besonders unangenehm ist. Es ist schwer, allgemeingültige Regeln aufzustellen, wann man ein Pferd eher disziplinieren oder eher ignorieren sollte, da Pferde und Situationen zu verschieden sind. Wichtig ist, auch das richtige Ignorieren zu lernen: Das Pferd darf wirklich keinerlei Beachtung mehr finden – sei es durch Blickkontakt, Ansprechen oder Berühren.

Die Angst eines Pferdes ist allerdings ein Verhalten, das konsequent durch Ignorieren quittiert werden sollte. Wer hier durch schmeichelnde Worte und Streicheln meint, dem Pferd die Angst zu nehmen, vergisst, dass dies eine Belohnung darstellt. Es ist daher wesentlich klüger, mit selbstsicherer Ausstrahlung das Pferd mittels Stimmungsübertragung davon zu überzeugen, dass seine Angst in dieser Situation unangebracht ist. Die Übertragung der eigenen Ruhe wirkt dem Angstgefühl des Pferdes am effektivsten entgegen.

Eine Situation, die man ebenfalls durch Ignorieren gut auslöschen kann, ist das Poltern und Treten gegen die Boxentür – vorwiegend zur Futterzeit, aber auch bei menschlicher Zuwendung zu einem benachbarten Pferd. Auch hier tendieren Menschen dazu, das Poltern mit unliebsamen Bemerkungen zu quittieren. Mit diesem Verhalten belohnen wir das Pferd aber, indem wir ihm unsere Aufmerksamkeit zukommen lassen. Es hat zwar nicht als Erstes sein Futter erhalten, aber die Aufmerksamkeit des Menschen, ob nun positiv oder negativ gemeint, war ihm gewiss.

Wer in seinem Stall ohne das lästige Poltern an den Türen leben möchte, tut gut daran, mit der gesamten Stalleinheit abzusprechen, dass dieses Verhalten nur noch durch totale Missachtung des Pferdes im Moment des Polterns quittiert wird. Immens wichtig ist hierbei, dass das Verhalten der Menschen einheitlich ist und das Pferd nicht durch unbedachte Intervall- oder variable Verstärkung (siehe Kap. 7.5.2, 7.5.3) erst recht auf das Verhalten konditioniert wird.

5.2 Ganz viel auf einmal: Die Reizüberflutung oder das Flooding

Um Pferde an potenziell Angst oder Flucht auslösende Reize zu gewöhnen, bietet sich die Methode des „Überflutens" oder Flooding besonders an. Der Vorteil gegenüber einer normalen Gewöhnung liegt darin, dass man mit dem Flooding wesentlich schnellere Ergebnisse erzielen kann. Dieser Methode entspricht auch das „Aussacken", das amerikanische Cowboys bei der Ausbildung ihrer Arbeitspferde anwandten und zum Teil heute noch anwenden. Problematisch ist allerdings, dass das Flooding für sensible Pferde sehr stressbeladen sein kann und daher nur von Experten ausgeführt werden sollte.

Äußerst wichtig ist auch hier wieder das korrekte Timing. Der Angst auslösende Reiz muss

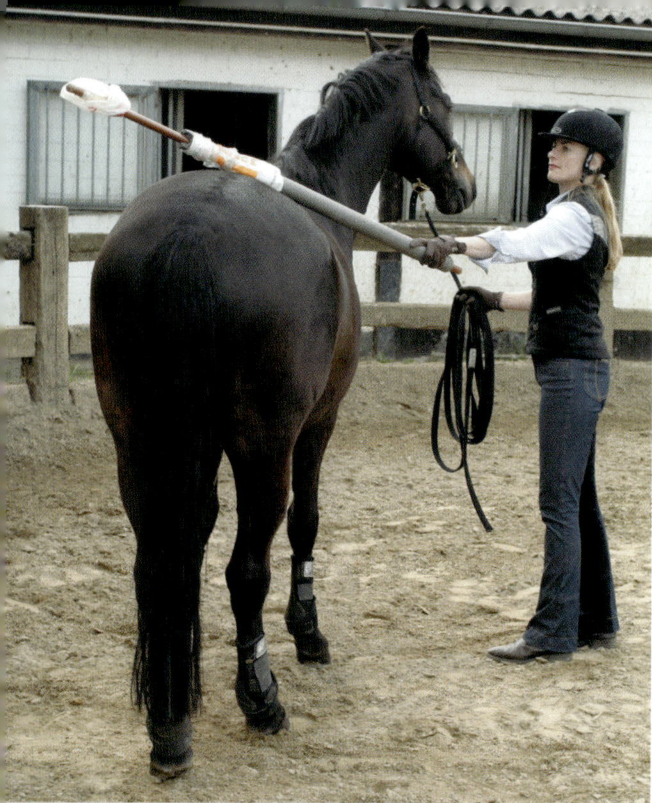

Der Angst auslösende Reiz bleibt so lange am Pferd, bis es ruhig stehen bleibt – dann wird er sofort weggenommen. Foto: Maierhofer

so lange am Pferd verbleiben, bis das Pferd ruhig steht. Erst dann wird er entfernt. Aus der Sicht des Pferdes könnte man es so erklären, dass das Pferd lernt, wie es uns konditionieren kann. Indem es beim Anheben des Plastiktütenstocks ruhig stehen bleibt, nehmen wir ihn wieder fort. Allerdings müssen wir, um schließlich die vollständige Desensibilisierung zu erreichen, die Anforderungen behutsam steigern.

Ein weiteres Beispiel für diese Methode ist das Auftrensen, Satteln, Longieren und Reiten eines vormals rohen Pferdes, wie es in den Shows von Monty Roberts in Deutschland vielfach gezeigt wurde. Hat das Pferd nach dem erfolgreichen Join-Up®, Follow-Up, Hochheben der Beine und Desensibilisierung der empfindlichen Körperstellen den Sattel aufgelegt bekommen, darf es versuchen, diesen abzubuckeln. Wie wir bereits festgestellt haben, lernt das Fluchttier Pferd sehr schnell, was lebensbedrohlich ist und was nicht. Dementsprechend erkennt es innerhalb kürzester Zeit, dass der Sattel oder Longiergurt zum einen nicht durch das Buckeln verschwindet, er aber zum anderen auch keine Schmerzen bereitet, sondern allenfalls durch den Gurt zu einem unangenehmen Gefühl am Brustkorb führt. Obwohl die Empfindlichkeit der Haut eines Pferdes am ganzen Körper mit der an menschlichen Fingerkuppen vergleichbar ist, desensibilisieren einzelne Körperpartien wie hier die Sattellage sehr schnell. Anderenfalls wäre quasi schon das Reiten Lernen kaum möglich, wenn man bedenkt, wie oft man als Anfänger aufgrund mangelnder Körperspannung und Balancegefühl einem Pferd buchstäblich in den Rücken fällt. So ist es eine für Reiter praktische Einrichtung der Natur, dass Pferde hier so schnell desensibilisieren oder abstumpfen.

Manche Autoren behaupten, das Pferd würde bei der Methode des Floodings so lange buckeln, bis es vor Erschöpfung aufgibt. Richtig ist vielmehr, dass sich das Pferd bei kontrollierter Arbeit durch einen erfahrenen Trainer durch immer wieder eingeforderte Richtungswechsel schnell wieder auf die Arbeit im Round Pen konzentriert und dabei den eben noch ungewohnten Gegenstand auf seinem Rücken vergisst, da Sattel- und Gurtlage gegenüber dem neuen Berührungsreiz kurzfristig desensibilisieren. Dieser Vorgang dauert nicht länger als ca. 15 Sekunden bis zwei Minuten.

Hat das Pferd den Sattel akzeptiert, wird es zum ersten Mal auf Trense gezäumt. An diesem Punkt ist der Sattel bereits vergessen. Wird dann schließlich die Doppellonge angelegt und das erste Mal mit ihr gearbeitet, muss sich das Pferd auf diese neue Aufgabe konzentrieren. Dann sind der Sattel und auch das neue Gefühl des Trensengebisses vergessen. Hat alles bisher ganz gut geklappt, wird auch noch ein Reiter auf das Pferd gesetzt, der sich erst einmal absolut passiv verhält. Das Pferd soll das Gewicht des Reiters zunächst nur kennen und akzeptieren lernen. In diesem Moment sind Sattel und Trense längst vergessen und nur das neue Gefühl des Reitergewichts beschäftigt das Pferd.

Dieses Beispiel schildert eine extreme Form des Flooding, die nur von einem erfahrenen Profi erfolgreich durchgeführt werden kann. Das Pferd mag hinterher erstaunt wirken, ist aber bei sachgerechter Ausführung keinesfalls traumatisiert. Ausbilder und Besitzer, die diese Methode nicht unter sachkundiger Anleitung erlernt haben und viel Erfahrung mitbringen, sollten sich und dem Pferd mehr Zeit bei der Gewöhnung an diese Dinge zugestehen.

Buckeln erlaubt: Innerhalb kürzester Zeit erkennt das Pferd, dass der Longiergurt durch das Buckeln nicht verschwindet, andererseits aber auch keine Schmerzen bereitet.

Schon wenige Augenblicke später hat sich das junge Pferd an das ungewohnte Gefühl an seinem Brustkorb gewöhnt und konzentriert sich wieder auf die abverlangte Arbeit. Fotos: Maierhofer

5.3 Immer weiter: Die Ermüdung oder das Negativtraining

Das Negativtraining gehört zu den verhaltenstherapeutischen Methoden und bedeutet, dass man dem Pferd ausreichend Gelegenheit gibt, ein bestimmtes Verhalten auszuführen, bis es von selbst damit aufhören möchte, da es nicht zu dem gewünschten Erfolg führt. Wie auch bei der Reizüberflutung kann man mit

Wichtig ist das ruhige und besonnene Arbeiten: Der künstliche Arm geht so lange immer wieder in Position, bis das Pferd das gezielte Auskeilen aufgibt. Foto: Maierhofer

dieser Methode recht schnelle Erfolge erzielen. Der Begriff Ermüdung bezieht sich nicht unbedingt auf eine körperliche Ermüdung des Pferdes, sie kann aber auf jeden Fall Begleiterscheinung sein.

Ein Beispiel für eine viel versprechende Anwendungssituation: Ein Pferd weigert sich, die Hinterbeine zum Beispiel zum Auskratzen der Hufe zu geben. Entweder aus Angst oder aus Wut ist es bereits in einen „Kampfmodus“ verfallen und keilt gezielt aus, anstatt sich vielleicht durch Seitwärts- oder Rückwärtsgehen zu entziehen.

Um diese Situation mit Hilfe des Negativtrainings zu lösen, benutzt man einen weich gepolsterten langen Stock oder einen künstlichen Arm, an dem ein gepolsterter Handschuh befestigt ist (von Monty Roberts erfunden, weiterentwickelt von Ian Vandenberghe). Während man sich selbst am besten in Höhe der Pferdeschulter positioniert, kann man nun mit der Hand des künstlichen Arms die Kruppe entlang streichen und weite Teile des Beines desensibilisieren. Entscheidet das Pferd sich weiterhin dazu, gezielt auszukeilen, wird nur der künstliche Arm getroffen, den man sofort wieder in Position bringt und seine Arbeit ruhig fortsetzt. Es ist auch hier, wie immer im Training von Pferden, sehr wichtig, ruhig und besonnen zu bleiben. Wird man wütend oder ärgerlich und verspannt, kann man dem Pferd schlecht helfen, seine eigene Furcht zu überwinden. Um den besten Lerneffekt zu erzielen, sollte man jedes Verhalten des Pferdes, das in die gewünschte Richtung geht, durch Streicheln und gute Worte belohnen. Lässt das Pferd es schließlich zu, dass man es innen und außen am Bein abstreichen kann, ohne dass es das Bein bewegt, und macht es keinen verspannten oder verängstigten Eindruck mehr, kann man mit seinen eigenen Händen weiterarbeiten.

Normalerweise sollte diese Vorgehensweise in Deutschland überflüssig sein, wenn schon junge oder sehr junge Pferde stressfrei an das Aufheben der Hufe gewöhnt werden und kein traumatisches Erlebnis vorliegt. Bei meiner Arbeit mit Mustangs und wilden bzw. traumatisierten Pferden habe ich diese Methode jedoch zu schätzen gelernt.

5.4 Vertrauensarbeit im Round Pen oder Longierzirkel

Die Vertrauensarbeit mit dem Pferd im Round Pen dient dazu, bestimmte kommunikative Verhaltensweisen bewusst anzuwenden und durch ein beiderseitiges, verlässliches Kommunikationssystem das Vertrauen des Pferdes zu uns weiterhin zu etablieren und zu fördern. Es geht deshalb um weitaus mehr als ein „Herumscheuchen“ des Pferdes in einer umzäunten Umgebung. Die Arbeit im Round Pen soll ein „Gespräch“ durch Zeichen und Signale zwischen zwei unterschiedlichen Spezies sein, das dazu dient, die gemeinsame Beziehung zu verfestigen. Der für mich wichtigste Aspekt ist hierbei meine Reaktion auf die Zeichen, die mir vom Pferd gegeben werden. Bleibt es dabei, dass ich lediglich die Zeichen des Pferdes beachte und es versäume, entsprechend zu antworten, würde sich diese Prozedur nicht von einem „normalen“ Pferdetraining unterscheiden, bei dem das Pferd in den allermeisten Fällen leider erraten muss, was wir Menschen von ihm wollen, da in keiner Weise auf seine arttypische Kommunikation eingegangen wird. Diese Methode ist eigentlich so diffizil, dass sie nicht aus einem Buch erlernt werden kann. Wer sich für die korrekte Ausführung der Vertrauensarbeit interessiert und sie anwenden möchte, sollte sie, den Pferden zuliebe, unter fachkundiger Anleitung erlernen.

Das Pferd sollte vor der Arbeit geführt werden und Gelegenheit bekommen, den Longierzirkel oder das Round Pen (15 bis 18 Meter Durchmesser, mindestens 1,80 Meter hoch umzäunt) ausgiebig zu inspizieren.

Vorbereitung auf die Vertrauensarbeit: Das Pferd wird in der Mitte des Zirkels in Viertelkreisen geführt,...

..., wobei immer wieder angehalten und das Pferd durch Streicheln auf der Stirn belohnt wird. (Fotos: Maierhofer)

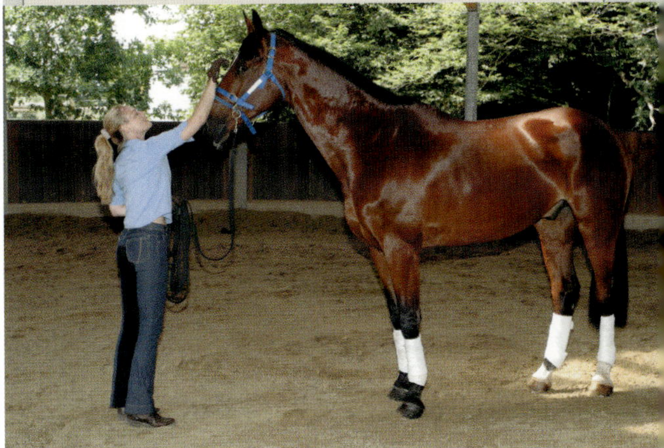

Zuerst orientiere ich das Pferd, in dem ich es in der Mitte des Zirkels in Viertelkreisen mit der Hinterhand nach innen und dem Kopf nach außen herumführe und jedes Mal anhalte, um es durch ein Streicheln auf der Stirn zu

Mit dem Werfen der Longe und einer aggressiv-treibenden Körperhaltung wird das Pferd vom Menschen fortgeschickt…

… und auf beiden Händen etwa fünf bis sechs Runden in möglichst gleichmäßigem Tempo laufen gelassen. Fotos: Maierhofer

belohnen. Bin ich wieder an meinem Ausgangspunkt, an dem das Pferd mit der Kruppe zum Eingangstor steht, stelle ich mich an die Schulter des Pferdes, schaue ihm ins Auge und löse die Longe aus dem Halfter. Läuft das Pferd nun los, nehme ich eine aggressive treibende Position ein und werfe die Longe hinter dem Pferd her, um es richtig in Bewegung zu bringen.

Manche Pferde wollen sich nicht wegbewegen. Dann wende ich mich ab und lasse sie mir nachfolgen, bis sie das Interesse verlieren, weil ich beginne, Haken zu schlagen und schneller zu gehen. Hören sie auf, mir zu folgen, schicke ich sie mithilfe meiner offensiven Mimik (ich schaue dem Pferd stets in die Augen, der Blick sagt: „Geh weg!“), Körpersprache (Schultern breit und straff, aufrechter, selbstsicherer Gang, im 45 Grad-Winkel hinter der Schulter des Pferdes in treibender Position), dem Klatschen der Longe auf meinem Körper oder dem Hinterherwerfen der Longe fort. Die Fluchtdistanz beträgt je nach Größe und Temperament des Pferdes zwischen 400 und 600 Meter, also lasse ich es auf jeder Hand fünf oder sechs Mal im Galopp herumlaufen. Ideal ist es, wenn man das Pferd so treiben kann, dass die Bewegungen gleichmäßig in Takt und Geschwindigkeit sind.

Den Richtungswechsel nach den ersten fünf bis sechs Runden leite ich dadurch ein, dass ich frontal (wichtig: Nicht die Schulter eindrehen!) und weiterhin mit Augenkontakt zum Pferd vor seinen Kopf trete und ihm somit den Weg in diese Richtung versperre, in die andere Richtung aber öffne. Ideal ist es, wenn das Pferd als Vorbereitung für die spätere Doppellongenarbeit mit dem Kopf nach innen abwendet und so die Richtung wechselt. Psychologisch gesehen ist der Handwechsel deshalb wichtig, weil er dem Pferd vermittelt,

Der Richtungswechsel: Frontal vor den Kopf des Pferdes treten… …und dabei den Weg in die neue Richtung öffnen.
Fotos: Maierhofer

dass ich nicht nur die Gangart und Geschwindigkeit bestimme, sondern auch die Richtung, in die es sich bewegt.

Nach fünf bis sechs Runden auf dieser Hand in möglichst gleichmäßigem Tempo machen wir einen zweiten Handwechsel. Nun beginne ich, meine offensive oder aggressiv-fortschickende Körperhaltung abzumildern, indem ich meine Schultern lockere und insgesamt weicher werde. Verstärkt achte ich jetzt auf die kommunikativen Signale des Pferdes und gebe ihm entsprechende Zeichen zur Bestätigung zurück.

Der nächste Schritt: Die Körperhaltung wird weicher, das Pferd darf langsamer werden. Foto: Maierhofer

5.4.1 Die kommunikativen Zeichen des Pferdes

Die im Folgenden geschilderten kommunikativen Zeichen des Pferdes erfolgen nicht immer und auch nicht unbedingt in der angegebenen Reihenfolge. Für eine gelungene Vertrauensarbeit ist es gut, wenn alle Zeichen vorhanden sind, es kann aber passieren, dass ein Pferd zum Beispiel durch häufiges Longieren keinen „Sinn“ mehr darin sieht, mit dem

Zuhören und Anschauen: Ohr und Auge des Pferdes sind auf den Menschen gerichtet.

Der Kreis wird kleiner: Das Pferd sucht die Nähe des Menschen.

Zeichen von Respekt: Das Pferd zeigt die typischen Leck- und Kaubewegungen. Fotos: Maierhofer

Menschen zu kommunizieren. Mit einer Verhaltenstherapie können diese Pferde wieder sensibilisiert werden.

Das Ohrenspiel

Die von den Ohren ausgehenden Signale sind meist diejenigen, die bei der Arbeit im Round Pen gleich von Beginn gezeigt werden. Das innere Ohr ist auf den Menschen gerichtet, oft schaut auch das innere Auge des Pferdes in unsere Richtung. Die Bedeutung ist klar: Das Pferd schenkt uns seine (volle) Konzentration und drückt damit auch seinen Respekt uns gegenüber aus.

Die Verkleinerung des Kreises

Sobald das Pferd die Distanz zu uns verringert, meint es damit auch im übertragenen Sinne, dass es sich uns annähern möchte. Das Pferd signalisiert, dass es nicht mehr fortlaufen möchte, sondern lieber in unserer Nähe sein will.

Lecken und Kauen

Mit dem Lecken und Kauen drückt das Pferd Demut und Respekt, manchmal auch Unsicherheit aus. Dieses Signal gibt es bei vielen höheren Säugetieren und sogar beim Menschen – probieren Sie es aus! Starren Sie einen Menschen eine Weile an: Die allermeisten werden, wenn auch unbewusst, mit einem Lippenlecken oder anderen Mundbewegungen reagieren. Bei Ihrem Hund sollte es auf jeden Fall klappen, wenn Sie die Position des Rudelführers innehaben.

Da dieses Signal Unterwürfigkeit, Unsicherheit und Respekt ausdrückt, sollte es auf jeden Fall entsprechend beantwortet werden. Dazu wende ich den Blick vom Pferd ab und verringere insgesamt für einen Moment meine Körperspannung, sodass mein Körper weicher wird. Kurzfristig treibe ich keinesfalls weiter oder werfe die Longe. Damit es wirklich zu einer Kommunikation zwischen Mensch und Pferd kommen kann, muss meine Beantwortung des Signals augenblicklich erfolgen.

Absenken des Kopfes

Dieses Signal ist etwa mit dem Verbeugen bei uns Menschen vergleichbar und quasi eine Bitte, den Druck zu vermindern – nicht zu verwechseln mit einem Schnuppern am Boden, von dem man es unterscheiden lernen sollte. Manche Pferde laufen mehrere Runden mit dem Kopf am Boden, andere lassen ihren Kopf nur für einen Moment unmerklich absinken. Hier ist genaue Beobachtungsgabe gefragt. Auch dieses Zeichen sollte sofort von uns beantwortet werden, in dem wir, wie oben beschrieben, wieder den Druck aus unserer offensiv-treibenden Körpersprache herausnehmen und den Blickkontakt unterbrechen sowie offensichtlich weicher im Ausdruck werden.

Sind möglichst alle vier Zeichen gezeigt worden, sollten wir das Pferd einladen, zu uns zu kommen und sich uns vertrauensvoll anzuschließen. Besonders geeignet hierfür ist die Stelle, an der das Pferd am meisten mit uns kommuniziert hat. Mit dieser Methode erfahrene Personen können einen solchen Ort auch ganz bewusst kreieren.

Durch das Senken des Kopfes signalisiert das Pferd, dass es eine Reduzierung des Druckes erhofft.

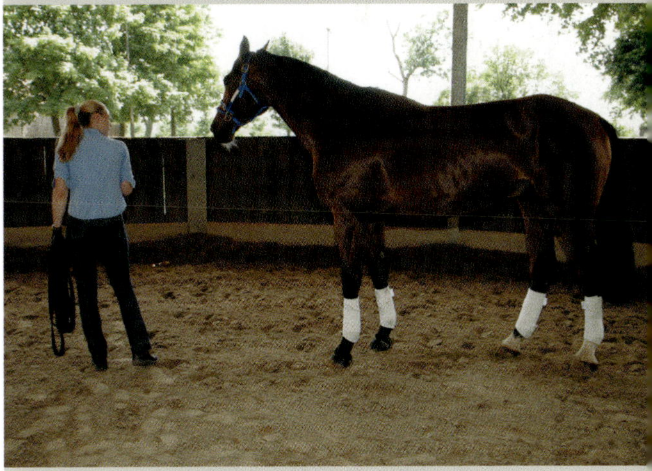

Einladung: Zeigt das Pferd Bereitschaft zur Kommunikation, bittet der Mensch es zu sich. Fotos: Maierhofer

Bevor Sie das Pferd einladen, sollte die Longe wieder vollständig aufgerollt in Ihrer Hand liegen. In den allermeisten Fällen lade ich das Pferd ein, wenn es Schritt geht, also verringern Sie den Druck zunächst so weit, dass das Pferd zum Trab und schließlich zum Schritt wechselt, ohne vorher schon zu erlauben, dass es einfach zu Ihnen kommt. Stellen Sie dann

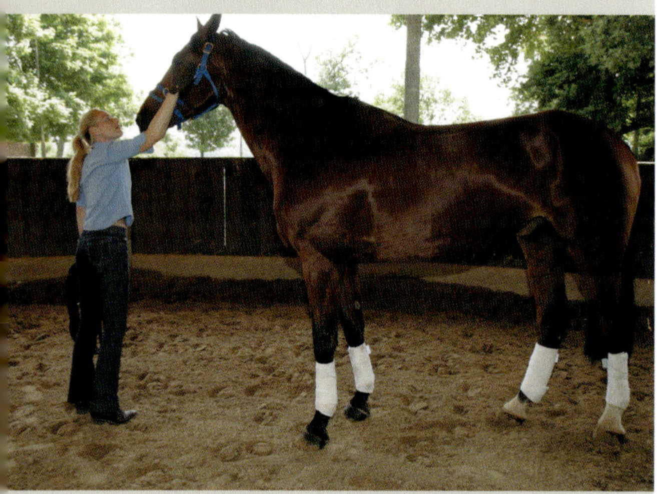

Gute Arbeit geleistet: Folgt das Pferd auf Anhieb, ist ausgiebige Belohnung angezeigt.

sicher, dass die Aufmerksamkeit des Pferdes immer noch auf Sie gerichtet ist. Am besten an der Stelle, wo es die meisten Zeichen gegeben hat, treten Sie vor die Schulter des Pferdes, gehen dabei aber ein Stück wieder Richtung Zirkelmitte, um dem Pferd Platz zu schaffen, sodass es nicht zu einem weiteren Handwechsel abwendet. Bleiben Sie im 45 Grad-Winkel vor dem Pferd stehen und präsentieren Sie sich dem Pferd seitlich-einladend, am besten mit leicht eingeknickten Gliedmaßen. Dabei sollten Sie, ohne das Pferd direkt anzublicken, es dennoch im Augenwinkel sehen können.

Wenn das Pferd nun geradewegs auf Sie zusteuert, haben Sie wunderbare Arbeit geleistet und sollten das Pferd ausgiebig mit Streicheln belohnen. Wenn Ihr Pferd nur stehen bleibt und Sie anschaut, sollten Sie es ihm noch einfacher machen, zu Ihnen zu kommen. Dafür bewegen Sie sich halbkreisförmig um seinen Kopf herum. Ein kurzer, liebevoll-freundlicher Blick und Sie gehen schwungvoll los. Dies bewegt die allermeisten Pferde, Ihnen zu folgen. Hat es das Interesse an Ihnen verloren, müssen Sie sich mit leicht aggressiv-forschen Bewegungen in Richtung des Pferdes wieder in Erinnerung bringen. Drehen Sie abrupt ab und werden passiv-einladend, wenn das Pferd Ihnen wieder seine Aufmerksamkeit schenkt. Möglichweise läuft es nun hinter

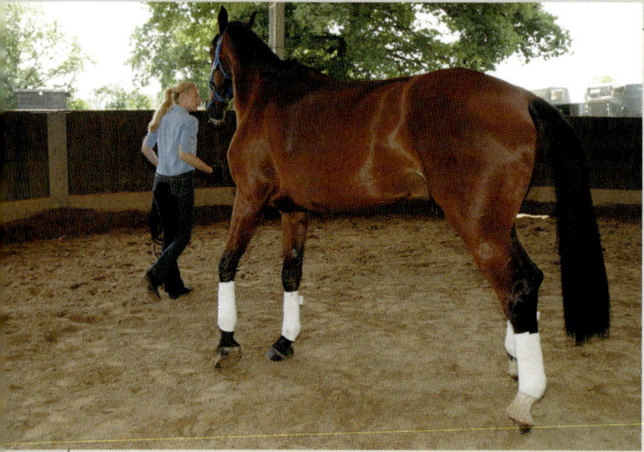

Gelungen: Das Pferd schließt sich dem Menschen an,...

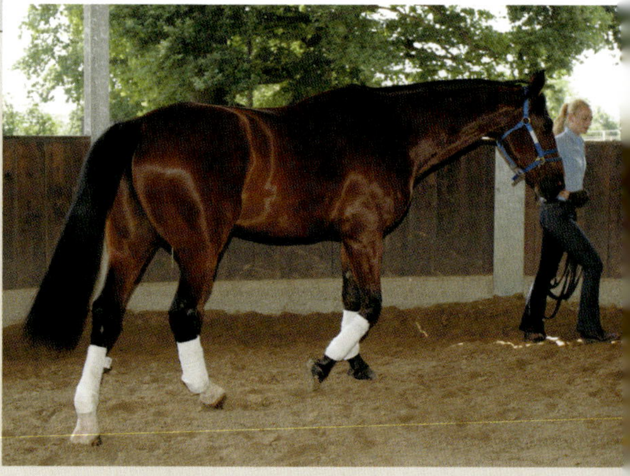

...folgt der Rechtskurve...

Ihnen her oder reckt zumindest den Hals in Ihre Richtung. Wenn nicht, bewegen Sie sich wieder in Halbkreisen um seinen Kopf herum, bis es genügend Vertrauen hat, zu Ihnen zu kommen. Dann streicheln Sie es zwischen den Augen, ohne es dabei anzublicken.

Schließlich entfernen Sie sich wieder, indem Sie zügig links abwenden und dann rechts in einen kleinen Kreis abbiegen, der dann in eine Acht mündet. Wenn die Vertrauensarbeit bis hierhin rundherum gelungen ist, wird das Pferd Ihnen dabei folgen. Vermitteln Sie ihm Ihre Freude darüber, indem Sie zwischendurch anhalten und das Pferd noch einmal ausgiebig an der Stirn streicheln.

... und dem Handwechsel in Form einer Acht durch das Roundpen. Fotos: Maierhofer

5.4.2 Bemerkungen zur Vertrauensarbeit

Diese Art der Vertrauensarbeit ist am ehesten mit einem Gespräch vergleichbar, das aus zwei Individuen unterschiedlicher Spezies einen Herdenverband bzw. eine Gemeinschaft formen soll. Deshalb ist diese Arbeit kein Training, das man durch Üben verbessern könnte. Das Pferd kommuniziert mit uns in seiner pferdespezifischen Art und wir versuchen, ihm so gut wie möglich zu antworten. Im Leben eines normalen Pferdes reichen fünf Wiederholungen dieser vertrauensbildenden Maßnahmen, wenn man sich auch sonst diesen (kommunikativen) Prinzipien entsprechend verhält und nicht nur im Round Pen mit dem Pferd kommuniziert.

Es lohnt sich immer zu beobachten, ob das Pferd gerade mit uns „spricht" und wenn ja, was es uns zu „sagen" hat und wie wir darauf reagieren können. Ich wurde einmal von einer Kursteilnehmerin gefragt, ob das Pferd tatsächlich eine wechselnde Mimik bei uns Menschen zu erkennen vermag. Tatsache ist, dass wir Menschen die Körpersprache und Mimik, also die nonverbalen Zeichen, eher unbewusst registrieren. Für ein Pferd, dem der verbale Ausdruck fehlt, sind diese Signale aber ihr primäres Ausdrucksmittel und daher achtet es auch bei uns ganz besonders darauf, was unser Gesicht und unser Körper aussagen. Vor allem die emotionalen Botschaften sind ihm als soziales Lebewesen immens wichtig! Nun können wir uns auch vorstellen, wie verwirrend und teilweise

Sein Bewegungspotenzial zeigt ein Pferd schon in den ersten Lebenstagen – die Kunst der Ausbildung besteht darin, auf diese Bewegungen Einfluss zu nehmen. Foto: Maierhofer

frustrierend es für unsere Pferde sein kann, mit uns zusammen zu sein. Denn immer, wenn wir mit dem Pferd zusammen sind, kommunizieren wir mit ihm bzw. trainieren es, auch wenn wir dies gar nicht beabsichtigen. Dieser Tatsache sollten Sie sich bewusst sein, wenn Sie vermeiden möchten, dass Ihr Pferd gegenüber Ihrer Körpersprache komplett desensibilisiert.

5.5 Die Arbeit mit der Doppellonge

Pferde besitzen von Geburt an ein reichhaltiges Bewegungspotenzial. Vom einfachen Schreiten, Traben und Galoppieren sowie bei manchen Rassen den Spezialgangarten Tölt und Pass reicht die Skala bis hin zu Seitwärtsgängen, dem Rückwärtstreten und den „Schulen über der Erde". Ganz natürlich werden dabei auch schon im Fohlenalter verschiedene Versammlungsgrade gezeigt.

Bei der sinnvollen Ausbildung des Reitpferdes ist es nun unsere Aufgabe, dem Pferd verständlich zu machen, dass wir auf seine ausgeführten Bewegungen Einfluss nehmen wollen. Ansatzweise geschieht dies schon beim ersten Führen des Fohlens, später dann bei der Vertrauensarbeit und nun erst recht bei der Ausbildung des Pferdes mit der Doppellonge. Wir kontrollieren die Richtung, Geschwindigkeit und allgemein die Art der Bewegungen unseres Pferdes – ganz so, wie dies in einer Herde durch das Leittier geschieht. Es etabliert auf diese Weise einerseits seine Dominanz, andererseits aber auch das damit einhergehende Vertrauensverhältnis. Diese Prinzipien können wir uns in unserer Arbeit hervorragend zunutze machen.

5.5.1 Vorbereitung auf den Longiergurt

Zur Gewöhnung an den Longiergurt bietet sich wieder die Methode des progressiven Desensibilisierens (siehe Kap. 3.2) an. Die

Die Gewöhnung an den Longiergurt erfordert Zeit: In einem ersten Schritt genügt es, wenn das Pferd die um den Bauch gelegte Longe ruhig akzeptiert.

Reizüberflutung (Flooding) sollte Profis mit viel Erfahrung vorbehalten sein.

Zur Vorbereitung beginnen Sie zunächst damit, die Gurtlage mit den Händen und später mit einer Longe zu massieren und damit zu desensibilisieren. Lassen Sie sich die nötige Zeit: Diese Arbeit kann in kleine Einheiten unterteilt werden, und beim ersten Mal können sich damit zufrieden geben, wenn das Pferd bei dieser Manipulation ruhig stehen bleibt und keinen gestressten Eindruck macht.

Bei der Longenarbeit benutze ich gerne ein Gelpad unter dem Longiergurt. An das Gelpad gewöhnen Sie das Pferd wie an die erste Satteldecke (siehe Kap. 4.1.4). Schließlich stehen Sie an der Schulter des Pferdes und legen ihm das Gelpad und den Longiergurt über den Widerrist. Gehen Sie dabei etwas in die Knie, um vorher noch einmal den Bauchbereich mit der

Erst beriechen lassen…

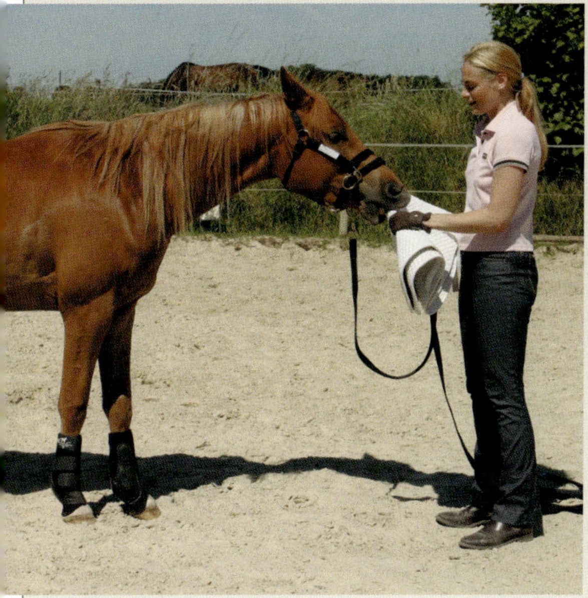

…dann auf den Rücken legen – das gilt für Satteldecke oder Gelpad gleichermaßen. Fotos: Maierhofer

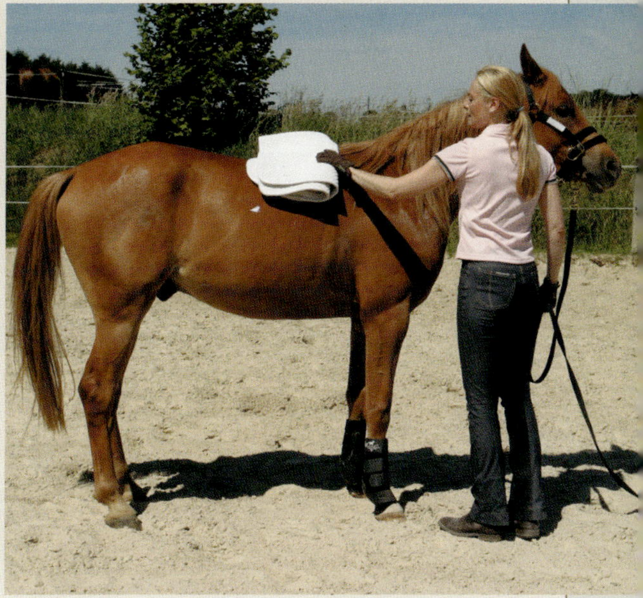

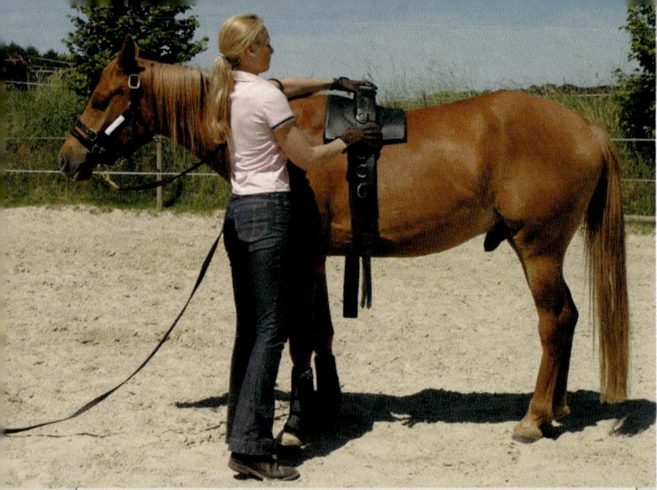

Zum Auflegen des Longiergurtes stellen Sie sich an die Schulter des Pferdes.

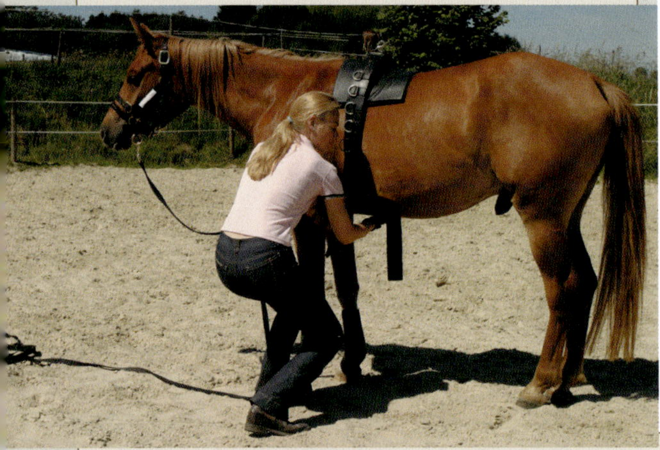

Eine fließende Bewegung: Mit der Hand wird der Gurtbereich noch einmal desensibilisiert, bevor dann der Gurt verschnallt wird.

Hand zu desensibilisieren. Aus dieser Bewegung nehmen Sie den Gurt und verschließen ihn einigermaßen fest, ohne einzuschnüren. Auch dies können Sie einige Male je nach Akzeptanz und Temperament des Pferdes trainieren, ohne das Pferd anschließend schon herumzuführen. Nach einer kurzen Gewöhnungsphase kann der Gurt fester geschnallt werden. In der nächsten Trainingseinheit beginnen wir damit, das Pferd an einer Longe zu führen (Handschuhe nicht vergessen!), um es daran zu gewöhnen, wie sich der Gurt in der Bewegung anfühlt.

5.5.2 Erste Schritte an der Doppellonge

Hat das Pferd den Longiergurt einwandfrei akzeptiert, empfiehlt sich das Training an der Doppellonge. Dies ist zwar zunächst für den

Ist das Anlegen des Gurtes einige Male geübt worden, wird das Pferd an der Longe geführt, damit es sich an das ungewohnte Gefühl am Brustkorb gewöhnen kann. Fotos: Maierhofer

Auch einem erfahrenen Longenführer kann einmal eine Longe aus der Hand rutschen. Deshalb ist es spätestens jetzt sinnvoll, das Pferd an die hinter ihm herschleifende „Schlange" zu gewöhnen. Foto: Maierhofer

Menschen nicht einfach zu erlernen, bietet aber wesentliche Vorteile bei der Ausbildung.

Hengste und Wallache desensibilisieren in den allermeisten Fällen innerhalb weniger Minuten gegenüber dem Gefühl der äußeren Longe, die sie an der Hinterhand umschließt. Viele Stuten sind an der Hinterhand empfindlicher und man sollte unbedingt vermeiden, mit dem Anlongieren an der Doppellonge zu beginnen, wenn die Stute gerade rossig ist.

Wir bedienen uns der Desensibilisierungsmethode, indem wir das Pferd kurzfristig auf beiden Händen vor der Longe flüchten lassen, bis es realisiert, dass von ihr kein Schmerz ausgeht. Wollen wir die Methode der progressiven Desensibilisierung anwenden, können wir zunächst eine elastische Bandage an den Ringen des Longiergurtes befestigen, nachdem wir die Bereiche der Hinterhand, Flanken und Seiten eingehend mit den Händen desensibilisiert haben. Wir führen das Pferd zunächst, damit es sich an das ungewohnte Gefühl gewöhnen kann. Macht das Pferd einen ruhigen Eindruck, können wir zum nächsten Schritt übergehen und die äußere Longe in das Dually™-Halfter einhaken, nachdem wir sie durch den Longiergurt gezogen haben. Während wir das Pferd weiter führen, ziehen wir die äußere Longe einfach hinter uns her. Viele Pferde, die als Fohlen oder Jungpferde nicht, wie bei der Gewöhnung an den Führstrick (Kapitel 4.1.6) beschrieben, in einer sicheren und verletzungsfreien Umgebung mit Halfter und Führstrick frei laufen durften und dabei wichtige Erfahrungen gesammelt haben, beäugen die ihnen folgende „Schlange" sehr

Den meisten Pferden fällt der Einstieg in die Doppellongenarbeit leicht, wenn sie auf der linken Hand und mit einem Helfer in der Mitte begonnen wird. Der Helfer hält die äußere Longe zunächst ganz locker,…

… bevor sie später schon etwas fester aufgenommen wird. Fotos: Maierhofer

skeptisch. Um Verletzungen und Panikreaktionen nachhaltig zu vermeiden, ist es spätestens jetzt sinnvoll, das Pferd damit vertraut zu machen. Auch einem erfahrenen Longenführer kann es passieren, dass er während des Longierens eine Longe verliert. Gerät das Pferd dann in Panik, weil es diese Situation noch nie erlebt hat und nicht eingehend auf sie vorbereitet wurde, kann es zu erheblichen Verletzungen kommen. Wie bei allen wichtigen Übungen sollte auch diese unbedingt von beiden Seiten ausgeführt werden, bis das Pferd die hinter sich schleifenden Longen gänzlich akzeptiert hat.

Die meisten Pferde sind auf ihrer linken Seite „zahmer“, weil wir Menschen es uns zur Gewohnheit gemacht haben, vieles von dieser Seite aus zu tun. Deshalb fängt man normalerweise auf der linken Hand an, das Pferd auf dem Zirkel zu führen. Ein Helfer kann in der Mitte stehen und die Longen zunächst nur locker in der Hand halten. Im weiteren Verlauf des Trainings sollte man die äußere Longe etwas mehr annehmen. Es gibt sicherlich Pferde, die eine so ausgefeilte Vorbereitung nicht benötigen und mit denen man gleich mit dem Longieren anfangen kann. Sind sie sich allerdings unsicher, wie Ihr Pferd reagieren wird, ist es keine Schande, sich ausreichend Zeit für eine sinnvolle Vorbereitung zu nehmen.

Wollen wir unser Pferd wirklich sicher und stressfrei vorbereiten, führen wir es ebenfalls durch die ersten Handwechsel. Auch hier gibt es Pferde, die in dem kurzen Moment unsicher werden, wenn sie den Longenführer weder aus dem einen noch dem anderen Auge sehen können. Als umsichtiger Pferdemensch sollte man dies einfach ignorieren und dem Pferd allenfalls durch beruhigende Worte oder ein herzhaftes Gähnen (Lernen durch Stimmungsübertragung) vermitteln, dass es sich nicht fürchten muss. Je nach Charakter und Konzentrationsvermögen des einzelnen Pferdes

Die Schrittphase zu Beginn einer Trainingseinheit kann man dazu nutzen, das Pferd vom Boden aus zu fahren und es so darauf vorzubereiten, dass Hilfen von hinten kommen. Foto: Slawik

kann das Training bereits hier beim ersten Mal beendet werden. Auch die dann erforderliche Zahl von Wiederholungen, bis ein stressfreics Longieren an der Doppellonge möglich wird, hängt vom einzelnen Fall ab.

Für jedes Pferd – auch wenn es aus einer Offenstallhaltung kommt – beginnt jede Longiereinheit mit einer mindestens zehnminütigen Schrittphase. Hierbei kann man das Pferd auch auf dem Hufschlag vom Boden aus fahren, um es sinnvoll darauf vorzubereiten, dass Hilfen in Zukunft von hinten kommen. Man imitiert so die treibende Position des Leithengstes in einer frei lebenden Pferdeherde. Das Prinzip ist dem Pferd also auf jeden Fall instinktiv vertraut. Um ein stressfreies Schrittgehen überhaupt zu ermöglichen, sollte das Pferd grundsätzlich vor dem Training die Gelegenheit haben, sich auszutoben, damit keine Auseinandersetzungen zwischen Longenführer und Pferd stattfinden müssen.

Ebenso wichtig ist der korrekte Abschluss der erfolgreichen Arbeit: Wir richten das Pferd mithilfe der beiden Longen rückwärts und lassen es einen Moment entspannen, bevor wir die Ausrüstungsgegenstände entfernen.

5.5.3
Die weitere Ausbildung

Im 17. Jahrhundert erfand der Italiener Mazzuchelli die Arbeit mit der Doppellonge, nachdem in den Jahrhunderten zuvor Pferde für die Dressur an den Pilaren ausgebildet wurden. Die Doppellongenarbeit ist für jedes Pferd sinnvoll – besonders aber profitieren rohe, uneingerittene Pferde davon, an der Doppellonge auf ihre zukünftige Arbeit unter dem

Die Arbeit mit der Doppellonge ist zur Vorbereitung auf die spätere Ausbildung unter dem Sattel und zur Gymnastizierung hervorragend geeignet. Foto: Slawik

Sattel vorbereitet zu werden. Die Arbeit mit der Doppellonge setzt vom Longenführer einige körperliche Fitness und Reaktionsgeschwindigkeit voraus und sollte sachgemäß erlernt werden. Doppellongenarbeit gehört zu der Basisarbeit der klassischen Reitkunst, eignet sich aber auch ausgezeichnet, um den Takt und die Schubkraft zu verbessern und das Pferd sehr effizient zu gymnastizieren.

5.5.4 Die Vorteile des Longierens mit der Doppellonge

Das junge Pferd wird an der Doppellonge physisch und psychisch ideal für seine spätere Aufgabe als Reitpferd vorbereitet. Mit dem Dually™-Halfter oder einem Kappzaum besteht die Möglichkeit, das Pferd zunächst gebisslos auszubilden und zu trainieren.

Die Doppellonge erlaubt uns eine wesentlich flexiblere und abwechslungsreichere Arbeit als das Training an der Einzellonge. Schräglagen, Kreuzgalopp und damit Schädigungen durch Fehlbelastungen an Sehnen, Bändern und Muskeln des Pferdes werden durch die äußere Longe effektiv verhindert. Ein weiterer, immenser Vorteil besteht darin, dass das Pferd schon sehr früh mit den Hilfen „von hinten" vertraut gemacht wird. Dabei entsprechen die Zügelhilfen genau den späteren Zügelhilfen beim Reiten, die mit der Doppellonge ausgeführten Touchierhilfen entsprechen den späteren Schenkelhilfen. Das Pferd kann effektiv gestellt und gebogen werden, es lässt sich mit der äußeren Longe perfekt einrahmen, wir können den Vorwärtsdrang feiner kontrollieren und durch häufige, korrekt ausgeführte Richtungswechsel das Pferd beweglich und geschmeidig machen. Die Arbeit in lockerer, nach vorwärts-abwärts gerichteter Dehnungshaltung ist hervorragend möglich, und das Erlernen von Seitengängen gelingt spielerisch und leicht. Das Training über Cavalettis und Stangen rundet die sinnvolle Arbeit ab.

Alle diese Faktoren zusammen gewährleisten eine größtmögliche Gymnastisierung und stärken auf sinnvollste Weise die Tragmuskulatur an Bauch und Rücken unseres Pferdes. Auf diese Weise vorbereitet, kann das Pferd das Reitergewicht von Anfang an besser ausbalancieren und sich außerdem deutlich länger auf den Reiter konzentrieren. Beim Prozess des Einreitens ist es viel abgeklärter als Pferde, die keine Doppellongenarbeit genossen haben.

Das Erlernen von Seitengängen fällt Pferden bei der Doppellongenarbeit besonders leicht.

5.5.5 Longieren mit Doppellonge und Dually™-Halfter

Der ideale Arbeitsplatz für das Training mit der Doppellonge ist ein Roundpen oder Longierzirkel, da er dem Pferd eine unterstützende Anlehnung bietet. Vor Beginn des Trainings wird die Ausrüstung – Dually™ -Halfter, Pad, Longiergurt und Longen – in die Zirkelmitte gelegt. Das Pferd wird nach Schließen des Roundpen vom Stallhalfter befreit und bekommt beim ersten Mal einen Moment Zeit, um sich mit seiner Umgebung vertraut zu machen.

Nun wird dem Pferd zunächst das Dually™ -Halfter angelegt. Dieses Halfter wurde von Monty Roberts konzipiert und sollte nur zu Trainingszwecken verwendet werden. Es basiert wie jedes Halfter auf dem Druckprinzip, wobei

Nachdem das Pferd aufgehalftert wurde, wird die erste Longe auf der linken Seite in das Dually™ -Halfter eingehakt. Fotos: Slawik

die spezielle Konstruktion einen verstärkten Druck auf die Nasenpartie ermöglicht. Dank der seitlichen Ringe können wir das Pferd zunächst gebisslos ausbilden und so das empfindliche Maul schonen. Der korrekte Sitz des Dually™ -Halfters ist dabei sehr wichtig.

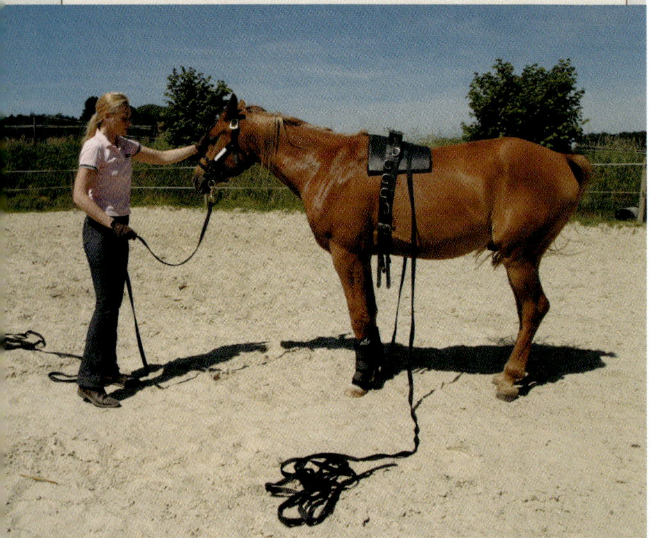

Die rechte Longe wird zunächst über den Rücken des Pferdes gelegt und dann rechts ins Halfter eingeschnallt.

Nun wird auch die linke Longe durch den untersten Ring des Longiergurtes geführt und wieder am Halfter befestigt. Fotos: Maierhofer

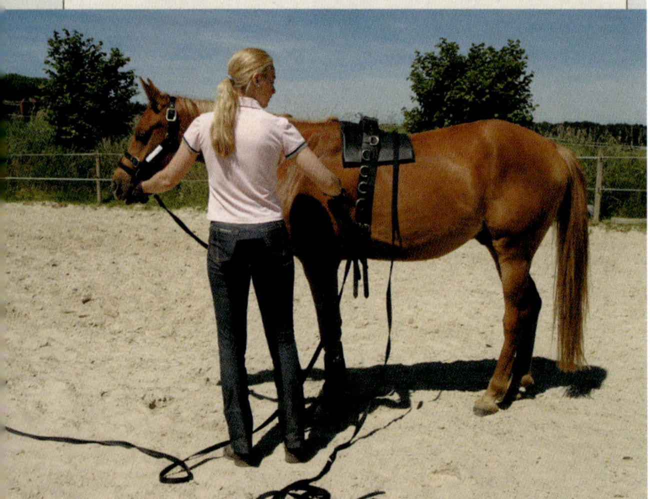

Der Nasenriemen sollte direkt unterhalb des Jochbeins liegen; eine tiefere Verschnallung könnte die Atemwege des Pferdes beeinträchtigen. Insgesamt sollte das Dually™ -Halfter wie eine Trense oder ein Kappzaum eng am Kopf sitzen, und das Pferd sollte durch ein vorheriges Führtraining mit diesem Halfter bereits vertraut sein.

Das aufgehalfterte Pferd wird in die Zirkelmitte geführt und dann in der folgenden Reihenfolge ausgerüstet: Zunächst wird die erste Longe auf der linken Seite in das Dually™ - Halfter eingehakt. Dann legen Sie Pad und Longiergurt auf und verschnallen den Gurt. Die zweite Longe wird (mit dem Verschluss voran) hinter dem Longiergurt von links über das Pferd "abgeseilt", bis sich der Verschluss kurz über dem Boden befindet. Nun wechseln Sie vor dem Pferd auf dessen rechte Seite, führen das herabhängende Ende der Longe durch den untersten Ring des Longiergurtes und haken die Longe auf der rechten Seite des Halfters ein. Dann wechseln Sie zurück auf die linke Seite und lösen hier die Longe. Sie führen sie durch den untersten Ring des Longiergurtes und haken sie wieder ins Halfter ein.

Jetzt werden beide Longen knotenfrei aufgenommen. Achten Sie hierbei auf die Signale, die Sie dem Pferd geben: Wenn man sich vom Pferd abwendet, um die Longen aufzunehmen, lädt man das Tier ein zu folgen. Deswegen sollte man sich rückwärts gehend vom Pferd entfernen, dabei dem Pferd in die Augen schauen und eine frontale Position einnehmen.

Was die korrekte Positionierung betrifft, sollte der Longenführer hinter der Schulterlinie des Pferdes bleiben und sich dabei mit seinem Körper in einem Winkel von 40 bis 45 Grad frontal zur Schulter des Pferdes bewegen. Jede Position hinter der Schulter bedeutet für das Pferd eine treibende Einwirkung, jede

Frontale Position, Blick in die Augen: So bekommt das Pferd das richtige Signal, um sich vom Menschen zu entfernen.

Um das Pferd nach vorne zu treiben, muss der eigene Körper hinter der Schulter des Pferdes positioniert sein. Fotos: Maierhofer

Position vor der Schulter wird es in der Vorwärtsbewegung blockieren. Steht der Trainer also zu weit vorne, wird das Pferd nicht losgehen oder vielleicht sogar rückwärts ausweichen.

Die Enden der Longen bleiben immer innen beim Longenführer, der sie mit beiden Händen wie beim Reiten oder Fahren oder nach entsprechender Übung auch mit einer Hand halten kann, um mit der anderen die Länge zu korrigieren.

5.5.6
Körpersprache beim Longieren

Der Blickkontakt

Grundsätzlich können Sie ohne Sprachkommandos longieren. Pferde benutzen untereinander vor allem visuelle Kommunikation und reagieren sensibel auf minimale Signale des Körpers. Ein entscheidender Faktor zum Antreiben des Pferdes ist zunächst der direkte Blickkontakt. Durch diesen wird Druck aufgebaut, durch das Senken des Blickes wird Druck reduziert, das Pferd wird langsamer oder darf für einen Handwechsel weiter nach innen in den Zirkel kommen.

Sollte das Pferd auf den direkten Blickkontakt nicht reagieren, nimmt der Trainer eine aufrechtere Körperhaltung ein, im Prinzip

Reicht der Blickkontakt zum Antreten nicht aus, wird die äußere Hand kurz angehoben und wieder gesenkt und zusätzlich mit einem „Küsschen“ ein akustisches Signal gegeben. Foto: Maierhofer

als Imponier- oder Drohgebärde. Dabei muss er natürlich immer darauf achten, kurz hinter der Schulter in der treibenden Position zu bleiben. Läuft das Pferd noch immer nicht los, gibt der Trainer ein optisches Zeichen durch kurzes, zackiges Anheben und Senken der die äußere Longe führenden Hand und setzt gleichzeitig ein "Küsschen" als akustisches Signal zum Antreten ein. (Das gleiche Vorgehen gilt für das Antraben aus dem Schritt, während zum Angaloppieren zwei „Küsschen“ verwendet werden.) Hat das Pferd diese Aufforderung immer noch nicht verstanden oder war gerade einen Moment unkonzentriert, wiederholen wir unsere Anfrage ein weiteres Mal. Sollten wir nun auch keine Reaktion bekommen, lassen wir die innere Longe an der Stelle des treibenden Schenkels an die Bauchseite des Pferdes fallen. Dies erfordert etwas Übung. Grundsätzlich sollten Sie sich nicht aus der Ruhe bringen lassen, falls nicht alles nach Plan läuft. Ihre Hektik wird sich sonst unmittelbar auf das Pferd übertragen.

Auch im weiteren Verlauf der Longenarbeit ist der Blickkontakt sehr wichtig. Ein direkter

Das Anheben und Senken der Hand, zusammen mit zwei „Küsschen“, ist auch das Zeichen zum Angaloppieren. Foto: Slawik

Blickkontakt reicht in der Regel aus, um das Pferd nach außen zu treiben, wenn es zu weit nach innen in den Zirkel kommt. Falls erforderlich, kann man zusätzlich mit der inneren Longe schlängelnde Bewegungen ausführen oder einen Ausfallschritt in Richtung Pferdeschulter machen, um es wieder nach außen zu treiben.

Wer in der Zirkelmitte ist, ist derjenige, der die Aktion bestimmt (eine Ausnahme bildet erst in der fortgeschrittenen Arbeit das Üben des fliegenden Galoppwechsels im Mittelpunkt). Daher soll dort auch die Position des Trainers sein. Sollte das Pferd versuchen, uns diese Position streitig zu machen, ist Konsequenz gefragt. Dafür geht man mit energischem Blick auf die Schulter zu oder nimmt die äußere Longe zur Hilfe.

Generell spiegelt das Verhalten und die Lauffreude des Pferdes immer die Energie des Trainers wider. Das heißt für uns als Longenführer: Nicht müde und energielos herumschlurfen, sondern motiviert, gegebenenfalls energisch auftreten und (fast) immer in Bewegung bleiben.

Drängt das Pferd zu sehr in Richtung Zirkelmitte, helfen schlängelnde Bewegungen mit der inneren Longe und ein energischer Schritt in Richtung Pferdeschulter, um es wieder nach außen zu treiben. Foto: Maierhofer

Die Bewegungen des Pferdes spiegeln das Engagement des Menschen wider: Der Longenführer sollte daher energisch und motiviert bei der Sache sein. Foto: Slawik

Der Handwechsel: Zuerst wird das Pferd ein wenig nach innen geführt.

Wechsel durch den Mittelpunkt: Innen nachgeben, Weg in die neue Wendung öffnen,...

...dann die neue innere Longe annehmen.
Fotos: Maierhofer

Die innere Longe gibt nach,...

Der Handwechsel

Für die erste Zirkelrunde darf das Pferd die Richtung bestimmen. Es wird sich zumeist seine persönliche Lieblingsseite aussuchen. Später allerdings dürfen wir nicht vergessen, beide Seiten gleichmäßig zu trainieren. Richtungswechsel sind bei der Arbeit unumgänglich und verbessern dank ihres gymnastizierenden Effektes die Geschmeidigkeit des Pferdes. Mit gleichmäßigen Intervallen kann man das Training langsam steigern. Für den Anfang sollte man folgenden Rhythmus wählen: Je drei Runden Schritt in jede Richtung, je drei Runden Trab in jede Richtung, je ein bis zwei Runden Galopp in jede Richtung.

Zwischen den Sequenzen wird also ein Handwechsel gemacht, den wir uns nachfolgend näher anschauen. Da clevere Pferde dazu neigen, sich zu langweilen, sollte nicht stur an dem vorgeschlagenen Trainingsmuster festgehalten werden. Der Ablauf sollte bald variiert

... kurz darauf...

... wird die äußere Longe angenommen und...

und durch weitere gymnastizierende Übungen wie das Verkleinern und Vergrößern des Zirkels und häufige Richtungswechsel ergänzt werden.

Zum Einleiten des Handwechsels wird das Pferd zunächst etwas nach innen gestellt und geführt, indem wir die innere Longe annehmen und den Blick vom Pferdeauge nehmen, um Platz für die Wendung zu schaffen. Je größer das Pferd, desto mehr Platz benötigen wir. Schön ist auch eine Wendung durch den Mittelpunkt des Zirkels. Während wir bis hierhin deutlich hinter der Schulterlinie des Pferdes geblieben sind, müssen wir zur Einleitung des Richtungswechsels unsere Position nun nach vorne verändern und damit die alte Richtung blockieren. Gleichzeitig nehmen wir die äußere Longe an und geben an der inneren Longe nach. Anschließend werden die Enden der Longe wieder auf die neue Innenseite geholt.

... der Weg für die neue Richtung ist frei.

Zum Abschluss des Handwechsels werden die Longen auf die neue Innenseite geholt. Fotos: Slawik

Konzentrierte Gegenseitigkeit: Schon die Stellung der Ohren des Pferdes signalisiert, dass es auf Signale des Menschen wartet. Foto: Maierhofer

Zeichen des Pferdes

So wie wir unserem Pferd Signale geben, gibt es auch Signale an uns. Das am einfachsten zu erkennende Zeichen ist die korrekte Reaktion des Pferdes auf unsere Hilfen: Es erteilt damit sein Einverständnis für die Arbeit. Daher sollte man immer so sparsam wie möglich mit den Hilfen umgehen. Ein Pferd, das zum Beispiel korrekt auf eine Hilfe angetrabt ist, muss und sollte nicht weiter angetrieben werden. Das Pferd versteht dann den Sinn der Hilfe nicht mehr und der Belohnungseffekt ist nicht gegeben.

Ein anderes Zeichen sehen wir, wenn das Pferd kurzzeitig den Kopf senkt, nachdem wir es angetrieben haben. Dies bedeutet soviel wie: "Okay, ich habe verstanden, nimm bitte den Druck von mir.“ Kauen und Lecken sind einander ähnliche Zeichen, die immer eine unterwürfige Aussage haben. Wer diese und andere Hinweise wahrnimmt, findet recht schnell heraus, wie viel Druck wirklich notwendig ist, um das Training für beide Seiten angenehm zu gestalten. Am besten ist es, wenn wir die Zeichen des Pferdes durch ein kurzes Senken unseres Blickes beantworten, um ihm zu signalisieren, dass wir es verstanden haben.

Optimale Kommunikation: Ein kurzes Senken des Blickes zeigt dem Pferd, dass seine Zeichen vom Menschen verstanden wurden. Foto: Slawik

6

Wichtige Weiterbildung:
Logisches Training des Reitpferdes

6.1
Die erste Trense

Um sich das Auftrensen am Anfang besonders leicht zu machen, vor allem wenn das junge Pferd noch nicht bereit ist, sich überall am Kopf anfassen zu lassen, kann man die Technik des progressiven Desensibilisierens anwenden. Dazu massiert man den Hals in Richtung Kopf. Sollte das Pferd Unbehagen zeigen, geht man jedes Mal sofort etwas zurück, arbeitet sich aber langsam und stetig Richtung Genick vor und massiert das Pferd sanft zwischen den Ohren. Ist das Pferd dabei komplett ruhig und entspannt, kann man damit beginnen, beide Ohren nacheinander nach außen abzustreifen, ohne mit der Hand zu viel oder zu wenig Druck auszuüben, um das Pferd weder zu kitzeln noch ihm zu schmerzen. Zunächst wird das Pferd eventuell wegen der ungewohnten Berührung den Kopf nach oben wegziehen. Sobald es aber merkt, dass es keine Schmerzen fürchten muss, sondern die neue Prozedur sogar recht angenehm ist, wird es die Berührung mehr und mehr tolerieren. Auf gleiche Weise kann man den gesamten Kopf in ruhigen, kreisenden Bewegungen sanft massieren. Wenn das Pferd einen sehr entspannten Eindruck macht und keinerlei Widerstand mehr erfolgt, kann man die Trense über die Ohren streifen. Dies ist eine besonders sanfte und rücksichtsvolle Art für das Pferd, die Trense akzeptieren zu lernen.

Um die Trense gerade am Anfang des Trainings zu etwas besonders Angenehmem zu

Das Pferd wirkt entspannt und gelassen: Der richtige Moment für das erste Auftrensen.

machen, sollte das Gebiss bei kühlen Außentemperaturen vorher leicht angewärmt sein. Wer es zu Beginn ganz besonders nett machen möchte, lässt ein paar Tropfen Honig oder Melassesirup auf das Gebiss tropfen oder legt ein Stück Möhre zu dem Gebiss auf die Hand. Das Gebiss sollte hoch genug verschnallt sein, damit das Pferd nicht versucht, die Zunge über das Gebiss zu schieben.

Anfangs lege ich die Trense nur über das Dually™-Halfter und befestige die Longen weiterhin ausschließlich am Halfter, um dem Pferd Zeit zu geben, sich an das ungewohnte Gefühl in seinem Maul zu gewöhnen. Erst nach

Stufenweise Gewöhnung an die Trense: Zunächst werden die Longen allein im Ring des Halfters eingeschnallt,...

... im nächsten Ausbildungsschritt zusätzlich in den Trensenring,...

... bevor schließlich die Doppellongenarbeit allein auf Trense möglich ist. Fotos: Maierhofer

einer Weile, wenn das Pferd durch die Arbeit mit der Doppellonge geschmeidiger und biegsamer geworden ist, ziehe ich die Ringe des Dually™ -Halfters durch die Trensenringe. So gewährleiste ich, dass der Druck immer noch zunächst auf die Nase ausgeübt wird und nur ganz sachte auf das Trensengebiss. Einige Trainingseinheiten später verbinde ich die Dually™ -Trainingsringe mit dem Trensengebiss und übe damit vermehrt Druck auf die Laden aus und arbeite mehr auf Trense. Schließlich kann man dazu übergehen, nur noch auf Trense zu arbeiten. Pferde, die so ausgebildet werden, behalten ein sehr feines Gespür im Maul und sind sehr sensibel für die späteren Zügelhilfen.

6.2 Der erste Sattel

Nachdem das Pferd einige Zeit erfolgreich mit Dually™ -Halfter und Longiergurt an der Doppellonge gearbeitet wurde, ist es allmählich Zeit, den ersten Sattel einzusetzen. Ich verwende hierzu einen leichten Trainingsrennsattel mit dem Gelpad, das dem Pferd schon aus der früheren Arbeit bekannt ist. So wird auch dieser Übergang besonders fließend und unkompliziert für das Pferd. Zunächst schnalle ich den Longiergurt noch über den Sattel, später gehe ich dazu über, die Steigbügel mit einem dritten Steigbügelriemen unter dem Pferdebauch miteinander zu verbinden und ziehe die Longen durch die Steigbügel. So desensibilisiere ich das Pferd gegenüber dem Gefühl der Steigbügel, damit es bei einer

Ein leichter Rennsattel mit dem schon bekannten Gelpad bietet die beste Möglichkeit, das Pferd an den Sattel zu gewöhnen. Foto: Maierhofer

Berührung durch sie nicht irritiert wird. Nachdem ich einige Male so gearbeitet habe, gehe ich zum normalen Sattel über. Die wenigsten Pferde haben die Tendenz mit dem Sattel zu buckeln, nachdem sie eine so sorgfältige Vorbereitung erfahren haben.

Bei den ersten Longeneinheiten mit Sattel wird zunächst noch der Longiergurt zusätzlich umgeschnallt,...

... später laufen die Longen durch die Steigbügel, die mit einem dritten Riemen unter dem Bauch miteinander verbunden sind. Fotos: Maierhofer

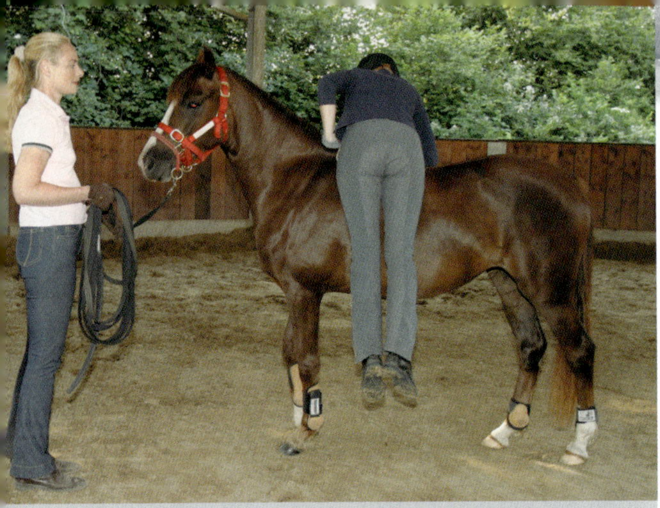

Der erste Schritt zur Gewöhnung an den Reiter: Der Reiter springt am stehenden Pferd an beiden Seiten hoch und legt sich quer über den Rücken.

6.3 Der erste Reiter

Nachdem das Pferd an der Doppellonge willig mitarbeitet, entscheide ich oft intuitiv, wann das erste Mal ein Reiter aufsitzen soll. Die Arbeit mit der Doppellonge bereitet das Pferd, wie bereits erwähnt, optimal vor, sodass es nicht plötzlich erschrickt, wenn es an der Bauchseite berührt wird. So ist der erste Mensch, der sich quer über den Rücken des Pferdes legt, für das Pferd ein oft sehr unspektakuläres Ereignis, das äußerst gelassen aufgenommen wird.

Viele Pferde bewegen sich besonders vorsichtig, wenn sie den Reiter anfangs ohne Sattel tragen. Fotos: Maierhofer

Zunächst springt der Reiter am stehenden Pferd an beiden Seiten hoch und legt sich dann von beiden Seiten abwechselnd über den blanken Pferderücken. Ich vermittle dem Pferd als „Bodenpersonal" die gewohnte Ruhe und Sicherheit. Schließlich lässt es sich willig mit dem zusätzlichen Gewicht herumführen und oft geht es recht lustig zu, weil es schwierig ist, sich in der seitlichen Position auf dem Pferderücken zu halten. Nach einigen Trainingseinheiten sitzt der Reiter schließlich auf dem immer noch blanken Pferderücken. Für die Pferde ist dies nur eine logische Konsequenz aus dem bereits Gelernten und viele machen den Eindruck, dass sie sich plötzlich sehr wichtig fühlen, weil sie nun auch einen Reiter tragen dürfen.

Mein Eindruck ist, dass Pferde besonders vorsichtig mit ihrem Reiter sind, wenn man zunächst ohne Sattel reitet. Deshalb arbeite ich nur auf besonderen Wunsch mit Sattel bei den ersten Einheiten, bei denen das Pferd ausschließlich herumgeführt wird. Da ich die Pferde immer noch an Dually™ -Halfter und Longe führe und wir mit viel Freude bei der Arbeit sind, machen die Pferde eifrig mit. Später, wenn der Reiter im Sattel sitzt, wechsele ich vom Führen zum Longieren (in diesem besonderen Fall mit nur einer Longe) und schicke das Pferd wie gewohnt auf die Zir-

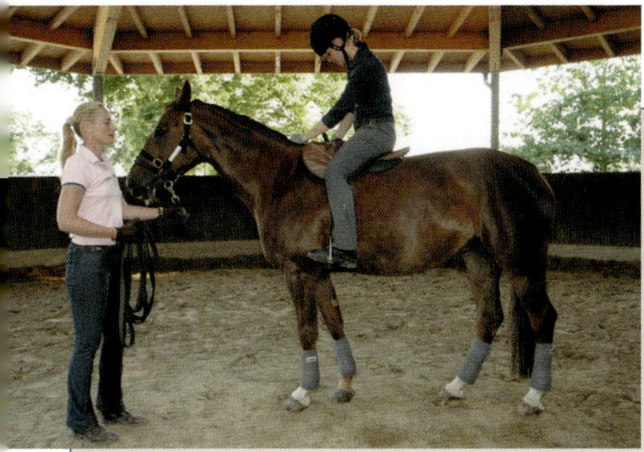

Bei der Gewöhnung an den Reiter wird in der bekannten Reihenfolge vorgegangen: Erst kommt ein leichter Rennsattel zum Einsatz,…

…dann ein Reitsattel, wobei das Pferd anfangs noch geführt wird…

…und bald darauf schon eigenständig auf der Zirkellinie geht.

Zunächst wird das Pferd noch durch die vertrauten Hilfen vom Boden aus unterstützt,…

kellinie. Sollte es doch einmal unversehens buckeln oder steigen wollen, lade ich das Pferd sofort mit der bekannten Körperbewegung aus der Vertrauensarbeit zu mir ein, sodass es sofort aufhört. Dann muss das Pferd allerdings sofort ohne viel Aufhebens an die Arbeit zurück. Schließlich wird die Longe gelöst, wobei ich aber den Reiter weiterhin mit meiner Körpersprache unterstütze. So wird die Doppellongenarbeit systematisch zugunsten der Arbeit unter dem Reiter abgebaut. Trab und Galopp unter dem Sattel werden

…im weiteren Verlauf übernimmt der Reiter mehr und mehr die Hilfengebung. Fotos: Maierhofer

spielerisch erarbeitet, da das Pferd die Hilfen dazu genau kennt. Am Anfang unterstütze ich den Reiter mit meiner Anwesenheit und den körpersprachlichen Hilfen, doch diese werden immer weiter reduziert, bis ich nur noch als passiver Zuschauer präsent bin. Geht das Pferd schließlich sicher mit den Hilfen des Reiters, ist es Zeit, mit einem anderen braven, erfahrenen Pferd nach draußen zu gehen und kleine Ausritte zu absolvieren, die den Vorwärtsdrang des jungen Pferdes positiv stimulieren.

Zu dieser Zeit sollte das Pferd auch erste Turnieratmosphäre schnuppern dürfen, indem es zum Beispiel als Begleiter eines routinierten Pferdes mitreisen darf und später auch auf dem Abreitplatz bewegt wird. Es bietet sich ebenfalls an, das Pferd mittels progressiver Desensibilisierung auf die Aufgaben der Gelassenheitsprüfung vorzubereiten und es dort zu starten.

6.4 Bestens in Form: Das Shaping oder die sukzessive Verhaltensformung

Das englische Wort Shaping bedeutet Formen und meint eine planmäßige gezielte Verhaltensformung in kleinen Schritten bis hin zu einer komplexen Handlung. Jeder Teilschritt innerhalb der Übung ist eine eigenständige Einheit. Diese Einheiten werden nach erfolgreicher Einstudierung miteinander verknüpft oder verkettet, wie etwa bei Zirkuslektionen oder zum Beispiel der Galopp-Pirouette.

Dies sind die wichtigsten Regeln, wenn man ein komplexes Verhalten trainieren möchte:

1. Vorausschauend planen: Das Endziel sollte ebenso wie die einzelnen Teilschritte systematisch im Voraus geplant sein. Es ist sehr hilfreich, eine kreative Lösung bereits im Vorhinein zu entwickeln, falls unerwartete Probleme bei der Erzielung eines Teilschrittes auftreten. Der Plan sollte also bestehen, aber jederzeit flexibel abgeändert werden können. Je kleiner die einzelnen Lernschritte sind, desto häufiger können wir das richtige Verhalten des Pferdes belohnen und desto eher erreichen wir das Endziel. Jeder Misserfolg wirkt demotivierend auf das Pferd – daher sollten wir ihm den Erfolg immer so einfach wie möglich machen. Überragende Trainer verfügen über die Feinfühligkeit und Geduld, jede noch so kleine Verbesserung zu erkennen und augenblicklich zu belohnen.
2. Bei der Arbeit an Details sollte immer nur ein Detail speziell verbessert werden, sodass man nicht gleichzeitig versucht, an mehreren Einzelteilen der Übung gleichzeitig zu arbeiten. Dies könnte zu einer zu großen Verwirrung beim Pferd führen und die Leistung insgesamt schmälern. Diese Erkenntnis hilft dabei, den persönlichen Ehrgeiz etwas zu bremsen und einmal großzügig über eine nicht ganz perfekte Performance in einem anderen Bereich hinwegzusehen, wenn man gerade dabei ist, eine anderes Teilstück der Arbeit zu verbessern. Zudem kann es vorkommen, dass das bereits Gelernte zeitweilig nicht so gut gezeigt wird wie bisher,

Das gelungene Ergebnis einer schrittweisen Lernphase: Die komplexen Bewegungen einer Galopp-Pirouette werden in einzelnen Übungseinheiten nacheinander gelernt. Foto: Slawik

wenn wir an einem Detail arbeiten. Dies kann von uns oft genug großzügig übersehen werden und sollte nicht zu einer größeren Verunsicherung führen, da dies nur eine vorübergehende Erscheinung ist und das Pferd nicht tatsächlich verlernt hat, was wir ihm vorher beigebracht haben.

3. Ein einzelner Teilschritt wird so lange trainiert, bis er gegen Auslöschung resistent ist. Erst dann gehen wir zum nächsten Schritt über. Wie im Kapitel über die verschiedenen Verstärkungen (siehe Kap. 7.5) beschrieben, sollte jeder Teilschritt zunächst immer positiv verstärkt werden.
4. Ist man nach der Intervallverstärkung schließlich bei der variablen Verstärkung angekommen und der gewünschte Teilschritt wird solide vom Pferd gezeigt, ist es Zeit, den nächsten Teilschritt anzugehen. Es ist wichtig, dass das Pferd auch bei gesteigerten Anforderungen, wenn das Verhalten nicht mehr jedes Mal belohnt wird, eine saubere Ausführung zeigt. Dies ist ein zuverlässiger Indikator dafür, dass das Pferd bereit für den nächsten Schritt ist.

Wenn es im Verlauf der Übungen zu Problemen kommt, kann man immer zur zuvor trainierten Stufe zurückgehen. Auch an Tagen, an denen die Arbeit an einer neuen Einheit nicht zu funktionieren scheint, können wir unsere Anforderungen nach unten korrigieren und das bereits solide Gelernte abfragen. Damit gewährleisten wir, wie immer unbedingt erforderlich, mit einem positiven Ergebnis für uns und das Pferd das Training zu beschließen. Es kann immer einmal vorkommen, dass das Pferd blockiert oder zeitweilig überfordert ist und an einem bestimmten Tag nichts Neues hinzulernen kann. In Einzelfällen ist dies nicht besorgniserregend. Tritt das Problem gehäuft auf, ist eine kritische (Selbst-)Analyse gefragt. Überprüfen Sie den Gesundheitszustand des Pferdes, die Ausrüstung (zum Beispiel den Sattel), das Trainingssystem oder andere, äußere Bedingungen.

6.5 Lernen im Schlaf: Latentes Lernen

Das latente Lernen entzieht sich unserer direkten Beeinflussung. Viele kennen die Situation: Wir trainieren eine Weile eine neue Lektion, aber sie klappt noch nicht sicher. Dann beschäftigen wir uns ein paar Tage mit anderen Aufgaben, und plötzlich stellen wir fest, dass unser Pferd die erste Aufgabe auf einmal sicher ausführt. Der Lernprozess scheint über Nacht gekommen zu sein. Richtig ist, dass Pferde ebenso wie wir Menschen und wohl alle Säugetiere Eindrücke und (Lern-)Erfahrungen im Schlaf verarbeiten. Es ist gar nicht selten, dass sich nach einer Trainingspause eine sprunghafte Verbesserung des Geübten einstellt. So ist also kein schlechter Rat, eine besondere Übung nicht jeden Tag zu absolvieren.

Obwohl der Vorgang nicht vollständig wissenschaftlich geklärt ist, scheint es so, dass während der Ruhephasen eine bessere Verarbeitung

Während des Schlafes wird Gelerntes im Gehirn verarbeitet. Deshalb gelingen manche problematischen Lektionen plötzlich, obwohl man sie gar nicht mehr geübt hat. Foto: Hoppe

des Gelernten im Gehirn stattfindet. Etwas Neues zu lernen kann für ein Pferd Stress bedeuten, vor allem, wenn der Trainer ungeduldig ist oder das Pferd noch keine Freude oder kein besonderes Talent für die Lektion mitbringt. In einer stressfreien Zeit hat das Pferd Gelegenheit, das Gelernte zu verarbeiten und ist in der nächsten Trainingseinheit erfolgreicher, weil die durch den Stress ausgelösten Denkblockaden nicht mehr vorhanden sind.

6.6 Filme im Kopf: Das Denkvermögen des Pferdes

Da Pferde nicht wie der Mensch über eine aus zufälligen Lautzeichen bestehende Sprache verfügen, mit denen sie Dinge und Sachverhalte benennen könnten, besitzen ihre Denkstrukturen auch nicht die Komplexität, die uns unsere Sprache ermöglicht. Dass wir bei unseren Pferden trotzdem manchmal den Eindruck

Denken Pferde in Bildern? Die genauen Prozesse sind noch recht unerforscht, doch das hervorragende Erinnerungsvermögen der Pferde stützt diese Vermutung. Foto: Bosse

haben, sie könnten „lesen und schreiben", liegt daran, dass ihre Denkprozesse in Bildern erfolgen und Pferde allgemein ein sehr gutes Erinnerungsvermögen haben. Diese Denkprozesse in Bildform kann man etwa mit einem Daumenkino vergleichen. Aufgrund der Verbindungen zwischen Reiz und Reaktion oder mehreren Ereignissen können umfassende „Filme" im Kopf des Pferdes entstehen, die annähernd so komplex sein mögen wie unsere durch die Sprache geformten Denkprozesse. Das Denken der Pferde ist von daher unseren nächtlichen Träumen ähnlich, die ebenfalls in Bildern stattfinden. Eine noch relativ unerforschte, aber durchaus sehr interessante Kommunikationsform zwischen uns und unseren Pferden könnte daher das „Versenden" von Bildern oder Bildabfolgen sein.

Meine persönliche Vermutung ist, dass Pferde, die besonders gut durch verbale Hilfen zu trainieren sind, durch solche Ausbilder geformt wurden, die – wenngleich vermutlich unbewusst – besonders erfolgreich darin sind, die passenden Bilder zu dem von ihnen gewünschten Verhalten mitzuliefern.

6.7 Denken und handeln Pferde bewusst?

Die teilweise komplexen Bildabfolgen, die vom Pferd sehr gut erinnert werden, ermöglichen auch eine beschränkte Reflexion, also ein Überdenken, Bewerten und Beurteilen des eigenen Handelns. Drei Wiederholungen einer bestimmten Situation reichen oft aus, damit das Pferd die Konsequenzen aus einer Handlung bzw. die komplette Ereigniskette erinnert. Daher ist es in jedem Teil der

Ausbildung so wichtig, sich dem Pferd gegenüber verlässlich und konsequent zu verhalten.

Hat ein Pferd erst einmal verstanden, dass es positive und negative Konsequenzen für sein Handeln gibt, ist der Grundstein für das Lernen an sich gelernt, das Lernen selbst ist gelernt worden. Als soziales Lebewesen lernt das Pferd die ersten Regeln, die sich für das Leben in Gemeinschaft ergeben, bereits von der Mutterstute, die es in den Rücken zwickt, wenn es ihr beim Trinken am Euter durch zu heftige Stoß- und Saugbewegungen Schmerzen bereitet. Wenn sich aus einem bestimmten Verhalten stets die gleichen Konsequenzen ergeben, kann und wird sich das Pferd entscheiden, welches Verhalten es in Zukunft zeigen wird, da ihm die Konsequenzen für die unterschiedlichen Verhaltensoptionen bewusst geworden sind. Sich für eine Alternative zu entscheiden, setzt bewusstes Denken (und im gewissen Maße auch Planung) voraus.

Auch wenn dieses Lernen durch Konditionierung entstanden ist, basiert es weitestgehend auf der Wahl zwischen verschiedenen Alternativen.

Eine ruhige, freundliche Lernumgebung mit einem ebensolchen Ausbilder sind die beste Voraussetzung dafür, dass das Pferd bewusst denkt und handelt und Erlerntes solide zeigt – oder dies gelegentlich auch einmal bewusst verweigert. Allerdings ist es nicht möglich, Pferde durch die richtige Lehrmethode beliebig zu manipulieren. Die pferdespezifischen Bedürfnisse und individuellen Dispositionen setzen Grenzen, die immer berücksichtigt werden sollten.

Es ist unbestrittene Tatsache, dass ein durch die Lernumgebung und/oder den Ausbilder gestresstes Pferd einen hohen Adrenalinspiegel aufweist und dementsprechend seinen Instinkten gemäß mit Flucht-, Aggressions- oder Meideverhalten reagieren wird.

Lernumfeld: In einer positiven, fröhlichen und gänzlich gewaltfreien Umgebung lernt es sich sicherlich am einfachsten, denn hier macht Lernen Spaß.

Vermeiden Sie es, Anweisungen zu wiederholen und dabei immer „lauter" zu werden, wenn Ihr Pferd Sie nicht verstanden hat. Es wird möglicherweise nur hektischer und versteht Sie noch weniger. Verändern Sie lieber die Anweisung und überlegen Sie, wie Sie sich ihrem Pferd besser verständlich machen können. Auch dies gehört unbedingt zu einer angenehmen Lernumgebung.

7

Lernen, das von innen kommt:
Intrinsisch motiviertes Lernen

„Intrinsisch" bedeutet „von innen kommend". Intrinsisch motiviertes Lernen bedeutet dementsprechend im Gegensatz zu extrinsisch motiviertem Lernen, dass der Lernende von sich aus die Bereitschaft und Motivation zeigt, Wissen begierig aufzunehmen. Individuen, die neugierig sind und sich sehr für ihre Umwelt interessieren, sind intrinsisch motiviert, Erfahrungen zu machen und gerne zu lernen. Die genetische Veranlagung, aber auch frühe Prägungen und Erfahrungen spielen dabei eine Rolle. Ganz entscheidend ist hierbei das

7.1
Weil es Sinn macht: Die Motivation

Motivation wird beim Menschen als Summe der Beweggründe für ein Handeln definiert. Inhalt und Intensität einer Handlung werden durch den Faktor Motivation bestimmt. Dieses Prinzip können wir uneingeschränkt auf Pferde übertragen. Der spezielle Begriff für Tiere im Allgemeinen in der Biologie ist „Stimmung" oder „Gestimmtheit" bzw. „Handlungsbereitschaft".

Lernen macht Spaß! In einem positiven, stressfreien Umfeld ist die Lernbereitschaft aller Beteiligten groß.
Foto: Maierhofer

Pferde werden, wie Menschen und andere Tiere, genetisch zu bestimmten Verhaltensweisen motiviert. Zum natürlichen Repertoire des Pferdes gehören Nahrungsaufnahme, Paarungsverhalten, das Zusammenleben mit Artgenossen in einer sozialen Gemeinschaft, die fast ständige Fortbewegung im Schritttempo während des Grasens, die Flucht vor potenziellen Raubfeinden im Renngalopp, das Ausscheidungsverhalten sowie das Erkundungs- und Komfortverhalten.

Die Motivation der Pferde wird dabei von inneren (endogenen) und äußeren (exogenen) Faktoren bestimmt. Zu den exogenen Faktoren gehört zum Beispiel der Anblick einer saftigen, grünen Weide, die zum Grasen animiert, aber auch das Verhalten eines Artgenossen, der zu einem Spiel oder zur Paarung auffordert. Endogene Faktoren sind sämtliche hormonelle Vorgänge, aber beispielsweise auch ein sich einstellendes Hungergefühl, das durch das Absinken des Glukosespiegels im Blut entsteht.

Für ein Pferd ist es demnach ganz natürlich, handlungsbereit zu sein gegenüber den genannten Tätigkeiten, die sein Überleben

Motivation von außen: Der Anblick des saftigen Grases macht Appetit. Foto: Koller

maßgeblich sichern sollen. Ein Verhalten muss also dazu führen, ein spezifisches Ziel zu erreichen. Dieses Ziel dient dazu, den momentanen eigenen Zustand zu optimieren. Der damit verbundene Aufwand soll so gering wie möglich sein. Wir können also davon ausgehen, dass Pferde über spezifische geistige Möglichkeiten verfügen oder diese im Laufe ihrer Jugend entwickeln, um herauszufinden, was zu tun ist, wie etwas zu tun ist und wann die beste Zeit dafür ist. Diese geistigen Möglichkeiten oder Verstandesleistungen beinhalten das Ausbalancieren von kurzfristigen Bedürfnissen mit langfristigen Strategien. Um dies erfolgreich zu praktizieren, muss das Pferd über ein Bewusstsein seiner augenblicklich ausgeführten Aktivität, den Status seiner eigenen Befindlichkeit, die äußeren Umstände sowie über ein System der Abwägung all dieser Faktoren verfügen, um entscheiden zu können, wie es sich in genau diesem Moment verhalten sollte. Die Motivation ist dabei die Summe aller Faktoren, die den augenblicklichen Prioritätsstatus von Handlungen bestimmen und verändern.

Ein durstiges Wildpferd wird eine Wasserquelle aufsuchen, um dort zu trinken. Ist der Durst gestillt, wird eine andere Verhaltenspriorität wahrscheinlich. Vielleicht hat das Pferd beim Trinken einen Raubfeind wahrgenommen und aus der Motivation heraus, sein Leben zu retten, wird es die Flucht ergreifen. Hier hat sich also eine weitere kurzfristige

Motivation ergeben. Ein Pferd wechselt sehr schnell von einer Aktivität zu einer anderen, wenn dafür die nötige Motivation gegeben ist. In unserem Beispiel ist die Menge und Konzentration seiner Körperflüssigkeiten der erste entscheidende Faktor gewesen.

Wir unterscheiden zwischen speziellen und generellen Faktoren, die auf die Motivation Einfluss nehmen. Ein genereller Faktor wäre der Grad der Aufgeregtheit eines Pferdes. Ist es hochgradig erregt, weil es einen Raubfeind an der Wasserquelle identifiziert hat, wird ihm infolgedessen weder der Durst bewusst sein noch wird es zu diesem Zeitpunkt dösen oder spielen wollen. Der Grad der Erregung hat einen direkten Einfluss auf eine breite Anzahl von Verhaltensmustern. Wir erleben dies immer wieder im täglichen Umgang mit dem Pferd: Hat es etwas als „potenziell lebensgefährlich" eingestuft, haben wir Schwierigkeiten, die Konzentration des Pferdes bei uns bzw. der Aufgabe zu behalten oder sie zurück zu gewinnen.

Jede Aktivität verfügt über ihre eigene Gruppe an die Motivation bestimmenden Faktoren. Einige sind einzigartig und passen nur zu einer bestimmten Aktivität, während andere mit einer breiteren Anzahl von Verhaltensweisen verknüpft sind. So hat das Pferd in jedem Moment seines Lebens ein Quäntchen Motivation zu einer bestimmten Anzahl von Verhaltensmustern. Um zu verstehen, warum ein Pferd ein bestimmtes Verhalten in einem bestimmten Moment zeigt, müssen wir uns klarmachen, dass die motivierenden Faktoren für dieses spezielle Verhalten in diesem

Man sollte sich gelegentlich daran erinnern, dass Pferde nicht zum Reiten geboren sind: Lebewesen auf ihrem Rücken waren im Laufe der Evolution immer gefährliche Raubfeinde. Foto: Slawik

Moment größer als für alle anderen sind. Der stärkste Faktor bestimmt demnach die jeweils aktuelle Aktivität.

Wenn wir also möchten, dass das Pferd etwas anderes tut, gibt es prinzipiell zwei Möglichkeiten:

- Wir versuchen, die Motivation für das gerade gezeigte Verhalten zu verringern, sodass eine neue Verhaltenspriorität entsteht.
- Wir versuchen, die Motivation für das Verhalten, das wir von dem Pferd erwarten, ganz spezifisch zu erhöhen.

Aufgrund seiner Anpassungsfähigkeit und der grundsätzlichen Bereitschaft des Pferdes, sich durch den Menschen domestizieren zu lassen, können wir Pferde dazu motivieren, Handlungen auszuführen, für die das Pferd keine angeborene Motivation mitbringt. Wir können es sogar schaffen, dass es Motivationen folgt, die eigentlich sogar wider seiner Natur sind, wie zum Beispiel das Tragen eines Reiters.

Die Tatsache, dass Pferde nicht zum Reiten geboren sind, sollte man sich gelegentlich in Erinnerung rufen und dabei berücksichtigten, dass die einzigen anderen Lebewesen, die sich ansonsten im Laufe der Evolution auf dem Rücken eines Pferdes tummelten, gefährliche und todbringende Raubfeinde waren. Außer dem Geritten Werden gibt es noch andere Dinge, die unsere Pferde für oder mit uns tun sollen, für die es keine genetisch vorbestimmte Motivation gibt.

Dennoch wissen wir, dass Pferde durchaus das Potenzial mitbringen, für Menschen absolute Höchstleistungen zu erbringen, die über eine pure Akzeptanz im Sinne von „der Mensch ist Passagier auf dem Pferd“ hinausgehen. Dies wirft die Frage auf, wie es erfolgreiche Trainer und Besitzer schaffen, Pferde zu immer neuen Höchstleistungen zu motivieren. Der Schlüssel zum Erfolg liegt sicherlich darin, Motivationstechniken gezielt einzusetzen.

7.2 Lernen ohne Angst: Der Erhalt des Urvertrauens

Fohlen sollten relativ frei und unbekümmert in einem Herdenverband mit Artgenossen

Zu einer artgerechten Aufzucht gehören die Haltung im Herdenverband und viel Bewegung an der frischen Luft zwingend dazu. Foto: Maierhofer

aufwachsen dürfen. Jeder Kontakt zum Menschen sollte angstfrei und positiv gestaltet werden. So wird das Urvertrauen, mit dem alle Säugetiere auf die Welt kommen, am wenigsten erschüttert.

Diese Kriterien haben einen enorm hohen Stellenwert bei der Erziehung junger Pferde, denn das Urvertrauen des Pferdes ist zugleich sein Selbstvertrauen. Ein Pferd mit einem gesunden Selbstvertrauen ist nicht ängstlich und strahlt eine innere Ruhe und Zuversicht aus. Es ist auf jeden Fall besser und einfacher, bei der Ausbildung eines jungen Pferdes planvoll vorzugehen und dafür zu sorgen, dass es möglichst wenige negative Erfahrungen im Umgang mit Menschen macht, als ein verstörtes, durch unangenehme Ereignisse misstrauisch gewordenes Pferd zu therapieren.

Immer wieder erzählen mir Pferdebesitzer, dass das problematische Verhalten ihres Tieres damit zusammenhänge, dass das Pferd grundsätzlich keine Männer mag; seltener gibt es auch Fälle, in denen einem Pferd generelle Probleme mit Frauen attestiert werden. Hier zeigt sich entweder eine hohe Interpretationsleistung des Besitzers oder eine große Fähigkeit zur Generalisierung beim Pferd, indem es von einem oder mehreren negativen Erlebnissen mit Frauen oder Männern darauf schließt, dass allgemein alle Vertreter dieses Geschlechts zu meiden sind.

Was tatsächlich korrekt ist, ließe sich nur durch wissenschaftliche Tests beweisen. Nehmen wir an, dass die Vermutung des Besitzers stimmt, liegt es nahe, dass das Pferd zum Beispiel mit männlichen Tierärzten und Hufschmieden negative Erfahrungen gemacht hat. Ob das Pferd wirklich in der Lage ist, daraus zu schließen, dass alle Männer negative Erfahrungen mit sich bringen, kann an dieser Stelle nicht geklärt werden. Umso bedeutender allerdings wird der Stellenwert einer frühzeitigen, gefühlvollen Ausbildung, damit das Pferd mit dem Stillstehen auf drei Beinen oder den Untersuchungsmethoden des Tierarztes nicht überfordert ist.

7.3 Begeisterung und Eifer: Die Persönlichkeitsbildung des jungen Pferdes

Ein Pferd, dass von den ersten Stunden seines Lebens an gelernt hat, dass das Zusammensein mit dem Menschen Freude macht, wird begeisterter lernen als eines, dem es durch physischen und psychischen Schmerz erschwert wurde, überhaupt Vertrauen zum Menschen zu entwickeln. Hat man also ein junges oder sehr junges Pferd, das man für das Leben vorbereiten möchte, sollte man ihm in den Momenten des Zusammenseins so viel Freude wie eben möglich vermitteln. Dies gilt natürlich gleichermaßen für ältere Pferde – allerdings sind Tiere, die schon einschlägige Erfahrungen gemacht haben, schwerer positiv zu beeinflussen als junge Pferde.

Der wichtigste Schritt beim Lernen besteht darin, das Lernen selbst zu lernen. Werden hier früh die richtigen Weichen gestellt, formt man eine Pferdepersönlichkeit, die nicht nur gerne lernt, sondern auch wissbegieriger und intelligenter ist als ein Artgenosse, der in den frühen Phasen keine positiven Lernerlebnisse im Zusammensein mit Menschen machen durfte.

Um die Lernerfahrungen für ein junges Pferd so angenehm wie möglich zu gestalten, sollten zunächst physische Schmerzen durch Verletzungen ausgeschlossen werden. Es ist daher auf jeden Fall sehr ratsam, für eine sowohl für den Trainer als auch das Pferd sichere Umgebung zu sorgen.

Übungseinheiten sollten die Konzentration des Pferdes nie überstrapazieren. Dafür ist ein feines Gespür erforderlich. Beendet man eine Trainingseinheit, bevor das Pferd physisch ermüdet, sorgt man dafür, dass der Lerneifer positiv stimuliert wird. Gleichzeitig ist darauf zu achten, dass unbedingt mit einem Erfolgserlebnis abgeschlossen wird. Ein erfolgreiches und dementsprechend belohntes Verhalten wird vorgezogen und deutlich konstanter wiederholt als eines, das unangenehme Gefühle ausgelöst hat.

Mit viel Spaß bei der Sache: Auch die richtige Stimmung aller Beteiligten hat einen Einfluss auf den späteren Lerneifer des jungen Pferdes. Foto: Maierhofer

7.4
Gut gelaunt lernt es sich besser: Stimmungsübertragung beim Belohnen

Um die Motivation eines Pferdes in unserem Sinne zu fördern, ist die richtige Art der Belohnung sehr wichtig. Wie wir im Kapitel Stimmungsübertragung (siehe Kap. 3.5) gesehen haben, lassen sich Pferde von ihren Artgenossen zu Tätigkeiten wie zum Beispiel Wälzen oder flüchten animieren. Gefühle und Launen werden ebenfalls innerhalb einer Herde oder generell zwischen Individuen übertragen. Dieses Prinzip ermöglicht es uns, positive (angenehme) Eindrücke auf das Pferd zu übertragen, wenn wir es schaffen, diese Stimmungen als echte Gefühle auszusenden. Auch hier gilt: Je früher wir ein freundlich gesprochenes Lob mit einem angenehmen Streicheln verknüpfen, desto stabiler erlernt das Pferd, dass es das Richtige getan hat. Auf emotionaler Ebene lautet unser Feedback also: „Du bist prima“, die Information ist: „Das hast du richtig gemacht“. Diese beiden Aussagen sollten in einem Lob verschmelzen. Im Laufe der Ausbildung können wir dann sowohl das verbale Lob bei der Doppellongenarbeit auf Distanz verwenden als auch das Streicheln vom Sattel aus verwenden. Hat das Pferd dieses Prinzip erlernt und verstanden, ist man sogar in einer Turniersituation während der Prüfung dazu in der Lage, durch ein kurzes Berühren mit einem Finger an Hals oder Widerrist dem Pferd das Gefühl zu geben, das Richtige getan zu haben und es damit weiter zu motivieren.

Einem Pferd, das schlechte Erfahrungen in der Zusammenarbeit mit Menschen gemacht hat, fällt es manchmal schwer, überhaupt wieder Vertrauen und Bereitschaft zur Kooperation zu zeigen. Foto: Maierhofer

Das Prinzip der Stimmungsübertragung ist damit ein wirkungsvolles Instrument bei der intelligenten Ausbildung von Pferden und bietet die Möglichkeit, auf das Füttern von Leckerchen bei der Arbeit zu verzichten. Ein schöner Nebeneffekt: Pferde sind oft der Spiegel unserer Seele und erziehen uns so dazu, freundlich, positiv, geduldig und fröhlich zu sein. Nur dann erzielen wir die allerbesten Ergebnisse bei ihrer Ausbildung.

Wenn das Pferd etwas ganz Neues lernt – hier das Betreten des Anhängers – wird jeder Schritt in die richtige Richtung belohnt. Foto: Maierhofer

7.5 Damit Arbeit Spaß macht: Die Verstärkungsprogramme

Über das Mittel der positiven Verstärkung erreichen wir, dass bei sinnvollem Einsatz von Belohnungen unser Pferd besonders gerne regelmäßig und ausdauernd mitarbeitet. Zudem bestimmt die Art und Weise der Verstärkung, wie sicher das Gelernte vor einer Auslöschung geschützt ist – wie fest und nachhaltig das Gelernte also im Gehirn des Pferdes verankert ist.

Um ein Pferd besonders effizient zu trainieren, benötigt man bei seiner Ausbildung nur drei verschiedene Belohnungsstrategien, die in den folgenden Abschnitten vorgestellt werden.

7.5.1 Immerverstärkung

Bei der Immerverstärkung wird eine Belohnung jedes Mal gegeben, wenn das Pferd die erwünschte Reaktion zeigt. Das Verhältnis „Reaktion zu Belohnung" ist also 1:1. Dieses

Vorgehen ist angemessen, wenn man dem Pferd etwas Neues beibringen möchte, denn die Belohnung transportiert, wie wir oben gesehen haben, die Information: „Das war richtig.“ Um das Pferd nicht zu verunsichern, sollte die richtige Ausführung neuer Aufgaben zunächst immer belohnt werden. Außerdem lernt das Pferd, dass es sich grundsätzlich lohnt, etwas Neues zu lernen – eine wichtige Erkenntnis für seine Ausbildung in der Zukunft.

Bereits nach einigen korrekten Wiederholungen in ein paar aufeinander folgenden Trainingseinheiten sollte man allerdings zu einer weniger intensiven Verstärkungsrate übergehen. Behält man die Immerverstärkung über einen zu langen Zeitraum bei, kann die Motivation darunter leiden, da das Training vorhersehbar und damit uninteressant wird. Hinzu kommt, dass wir schließlich auf dem Gelernten aufbauen wollen und daher den Anreiz für weitere Belohnungen erhalten müssen.

Sobald das Pferd die neue Aufgabe sicher verstanden hat, ist es daher an der Zeit, die Anforderungen und das damit einhergehende Lob etwas höher anzusetzen.

7.5.2 Intervallverstärkung

Die Intervallverstärkung ist eine angemessene Form des Lobes, die sich der Immerverstärkung anschließt. Wenn man länger und öfter trainieren will, wird die Belohnungsrate verringert: Das Pferd wird nur noch jedes zweite, dritte oder vierte Mal für die richtige Ausführung einer Aufgabe belohnt. Das Verhältnis wird langsam und systematisch verringert mit dem Effekt, dass der Arbeitseifer für bestimmte Aufgaben beträchtlich steigt.

Dennoch sollte man auch diese Methode nicht zu lange anwenden: Es gibt viele schlaue Pferde, die schnell verstanden haben, dass sie zum Beispiel jedes dritte Mal gelobt werden und daraufhin die erste und zweite Ausführung einer Aufgabe nicht so formvollendet zeigen. Für diejenigen unter uns, die das Loben gerne einmal komplett vergessen, empfiehlt sich dieser systematische Ansatz trotzdem, da er uns daran erinnert, dass man das Training immer auf positiver Verstärkung aufbauen sollte.

7.5.3 Variable Verstärkung

Die effizienteste Art der Verstärkung ist die variable Verstärkung. Sie sollte immer dann angewendet werden, wenn das Pferd eine besonders gelungene Ausführung einer bereits bekannten Übung zeigt. Manchmal wird sie auch als Verstärkung nach dem Zufallsprinzip oder „Glücksspieleffekt“ bezeichnet – kein schlechter Begriff, denn das zugrunde liegende Prinzip erklärt, warum Menschen spielsüchtig werden können: Bei der Hoffnung auf den großen Gewinn ist man dem Zufall ausgeliefert. Gelegentliche kleine Belohnungen konditionieren auch ein Pferd dazu, auf „den großen Gewinn“, ein großes Lob, zu hoffen. Natürlich sollten wir nicht nach dem Zufallsprinzip

Lob nach besonders guter Leistung: Die variable Verstärkung ist für das Lernen besonders effektiv. Foto: Slawik

verfahren, sondern sehr aufmerksam darauf achten, wann das Pferd etwas besonders gut gemacht hat, um es dann entsprechend zu loben.

7.6 Dinge, die blockieren: Motivations- und Lernhemmnisse

Man kann die Motivation eines Pferdes erfolgreich fördern, man kann sie aber leider auch zunichte machen. Bei Frustration, Angst und Stress und auch bei der erlernten Hilflosigkeit spielen sich die gleichen physiologischen Vorgänge im Gehirn und Körper des Pferdes ab, die seine Lernfähigkeit gleichermaßen blockieren. Trotzdem ist es wichtig, zwischen diesen Zuständen beim Pferd unterscheiden zu können, da dies helfen kann, die Auslöser zukünftig zu vermeiden und über andere Trainingsformen nachzudenken.

7.6.1 Frustration

Frustration entsteht dann, wenn die Befriedigung von Bedürfnissen durch entgegenstehende äußere Faktoren nicht zustande kommt oder wenn ein Verhalten nicht ausgelebt werden kann und zugleich keinerlei Alternativen vorliegen.

Ein Pferd kann frustriert werden, wenn es ihm aufgrund mangelnden Verständnisses nicht gelingt, eine Aufgabe befriedigend zu erfüllen. Es bietet vielleicht das eine oder andere Verhalten an, aber der Mensch gibt ihm nur zu verstehen, dass dieses Verhalten immer falsch ist. Der Mensch kann frustriert werden, wenn das Pferd eine gestellte Aufgabe partout nicht erfüllt und die Grenzen der gemeinsamen Kommunikation und Verständigung erreicht scheinen. Frustration entsteht, wenn man nicht weiß, wie man dem Pferd verständlich machen kann, welches Verhalten erwünscht ist. Diese Frustrationsspirale ebnet den Weg für Gewaltbereitschaft gegenüber dem Pferd.

Jedes Pferd entwickelt im Laufe seiner Sozialisation eine individuelle Frustrationstoleranz. Darauf müssen wir uns zu Beginn der Ausbildung einstellen und, wenn nötig, diese behutsam erhöhen. Lust auf Leistung entsteht aber sicherlich nicht durch den Einsatz von Gewalt oder anderen Maßnahmen, die Ängste auslösen. Am sinnvollsten ist es sicherlich, verschiedene Motivationstechniken gezielt einzusetzen und durch das Aufzeigen klar definierter Wahlmöglichkeiten eine allmähliche Steigerung der Leistungs- und Konzentrationsfähigkeit des Pferdes zu erzielen.

7.6.2 Erlernte Hilflosigkeit

Falls es immer wieder vorkommt, dass ein Pferd eine ihm gestellte Aufgabe nicht erfüllt, weil es sie nicht richtig verstanden hat, wird das Pferd schließlich resignieren. Aus seiner Sicht scheint es egal zu sein, was es anbietet,

Beschädigte Psyche: Hat sich ein Pferd derart innerlich aufgegeben, ist viel Motivationsarbeit erforderlich, um die Lernbereitschaft wieder zu wecken.
Foto: Künzel

da nichts davon richtig ist und belohnt wird. Es ist unabdingbar, einem Pferd positive Lernerfolge zu vermitteln, und sei es in noch so kleinen Schritten. Wie wir gesehen haben, bauen Lernerfolge aufeinander auf, wenn ein Pferd das Lernen an und für sich erfolgreich gelernt hat.

Im Rahmen einer Versuchsreihe mit Hunden setzten Martin Seligman und seine Kollegen 1960 die Tiere Elektroschocks aus, denen sie nicht entgehen konnten. Als die Hunde schließlich in einem anderen Käfig untergebracht wurden, wo sie den Elektroschocks hätten entkommen können, versuchten sie dies gar nicht mehr und ließen die elektrischen Schläge über sich ergehen. Sie hatten aufgrund ihrer Erfahrung, ohnehin keine Kontrolle mehr über die Situation zu haben, resigniert aufgegeben.

Auch Pferde, die keine positiven Feedbacks für ihre Leistungen erhalten und damit das Gefühl bekommen, die Situation überhaupt nicht beeinflussen zu können, werden apathisch und depressiv. Vor allem dann, wenn zusätzlich Gewalt angewendet wird, wird das Bedürfnis des Pferdes nach Kontrolle und Sicherheit zerstört.

Daher ist es bei der Ausbildung von Pferden enorm wichtig, dem Pferd mehrere Optionen zu geben. Diejenige Reaktion, die wir uns von dem Pferd wünschen, sollte immer die einfachste und bequemste sein. Pferde haben ein untrügliches Gespür dafür, ob sie zu etwas gezwungen werden oder ob es Wahlmöglichkeiten gibt.

Wenn das Pferd spürt, durch sein Verhalten die Situation beeinflussen zu können, indem es entweder positive oder negative Konsequenzen erfährt, wird ihm seine Entscheidung über Kooperation oder Verweigerung das Gefühl von Sicherheit und Kontrolle über die Situation geben. Erkennt das Pferd, dass es Wahlmöglichkeiten gibt, wird es zum bewussten Nachdenken über sein Verhalten aufgefordert und kann dementsprechend reagieren.

Ist ein Pferd im Stadium der erlernten Hilflosigkeit angekommen und empfindet seine Situation als aussichtslos, ist der Weg für psychosomatische und psychische Krankheiten wie Magengeschwüre, Stresskoliken, Neurosen usw. geebnet. Neurosen zeigen sich beispielsweise als gesteigerte Furcht vor Gegenständen, Personen oder Situationen. Ohne Verhaltenstherapie ist ein solches Pferd nicht mehr in der Lage, neue Situationen nicht nach seinem alten Muster zu bewerten. Dadurch wird das Lernverhalten extrem blockiert. Das Pferd ist zerbrochen, die Psyche ist beschädigt.

Um diesen bedauernswerten Zustand zu beenden, muss sofort dafür gesorgt werden, dass das Pferd positive Lernerfolge erlebt. Bei genauer Beobachtung findet man bei jedem Pferd etwas, das man belohnen kann. Die Ansprüche müssen gegebenenfalls so weit reduziert werden, dass das Pferd die Chance bekommt, etwas richtig zu machen.

7.6.3 Schmerz

Schmerzen beim Pferd können verschiedene Ursachen haben. Sie können organisch begründet sein wie zum Beispiel durch Fehlstellungen der Zähne, Verletzungen der Beine oder Veränderungen an den Wirbelkörpern. Oft werden Schmerzen jedoch auch durch eine nicht angepasste oder ungepflegte Ausrüstung hervorgerufen. Zeigt ein Pferd Anzeichen von Schmerz oder weicht es in seinem Können deutlich von den Richtlinien der Ausbildungsskala ab, sollte sofort versucht werden, die Probleme im Ansatz einzugrenzen und zu beheben. Dazu sollte als erstes der Gesundheitszustand des Pferdes durch einen Tierarzt sorgfältig kontrolliert werden. Ist hier nichts zu finden, sollten die Ausbildungsgegenstände durch einen Fachmann überprüft und etwaige Mängel sofort behoben werden.

Die fachtierärztliche Kontrolle der Zähne hinsichtlich Fehlstellungen oder sonstigen Erkrankungen ist regelmäßig erforderlich, um darauf gründende Schmerzen auszuschließen. Foto: Maierhofer

Es ist eine ganz natürliche Reaktion des Pferdes, dass es jegliche Schmerzen zu vermeiden versucht. Da Pferde über keine besonderen Schmerzlaute verfügen, sind wir als Halter und Trainer gefordert, jedes feine Anzeichen von Schmerz beim Pferd aufmerksam wahrzunehmen und die möglichen Ursachen einer Verweigerung der Mitarbeit erst einmal in dieser Hinsicht zu hinterfragen.

7.6.4 Angst und Stress

Angst und Stress blockieren in höchstem Maße die Lernfähigkeit des Pferdes. Zu den Stress auslösenden Faktoren gehören Krankheit und Erschöpfung, Hunger, Durst, extreme Kälte oder Hitze, laute bzw. beunruhigende Geräusche und generell alarmierende Sinneswahrnehmungen.

Die Angst eines Pferdes ist jedoch das wohl größte Lernhindernis. Dafür verantwortlich ist die Ausschüttung des körpereigenen Hormons Adrenalin. Adrenalin wird in Situationen, die das Pferd als gefährlich einstuft, von den Nebennieren in das Blut ausgeschüttet und versorgt das Pferd mit einem zusätzlichen Energiepotenzial, das ihm zur erfolgreichen Flucht oder zum Kampf verhelfen soll. Da in einem Gefahrenmoment das Überdenken der Situation gefährlich werden kann – die Spezies Pferd lebt seit ca. 55 Millionen Jahren auf diesem Planeten, weil sie erst flüchtete und

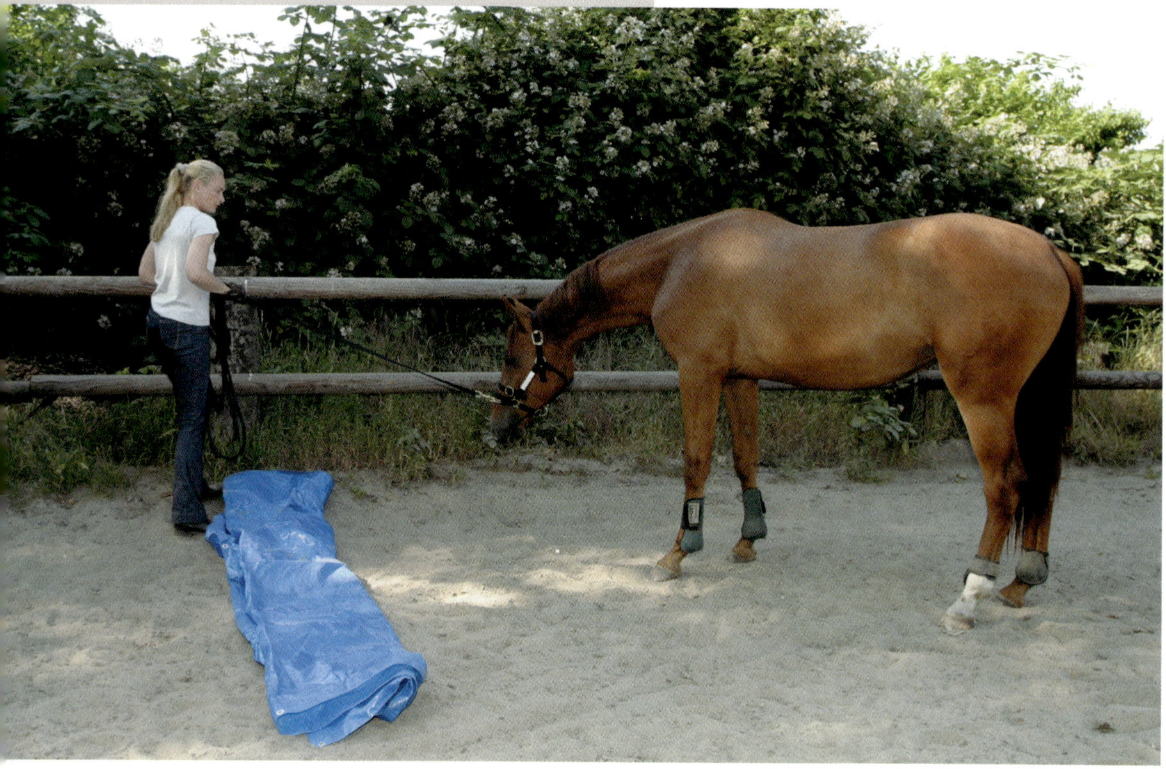

Manche Pferde sind in Stresssituationen wie „eingefroren“: Sie halten die Luft and und verspannen sich, was die Angst nur noch weiter steigert. Foto: Maierhofer

sich dann umsah, ob ein wirklicher Grund für die Flucht vorhanden war – hat das Adrenalin einen Nebeneffekt: Es blockiert das Denken, ein Lernprozess kann nicht stattfinden. Hieraus ergibt sich die einfache Formel: Je höher der Adrenalinspiegel des Pferdes, desto weniger ist es in der Lage, bewusst über das zu reflektieren, was gerade passiert, also zu lernen. Angst ist demzufolge ein schlechter Lehrmeister und kann nicht das Mittel der Wahl sein, um ein Pferd zu Leistungen zu bringen. Je positiver und stressfreier wir das Training für unser Pferd gestalten, desto leichter fällt es ihm, neue Dinge zu lernen und eine konstante Leistungsbereitschaft zu entwickeln.

Grundsätzlich gibt es bei Pferden zwei verschiedene Stresstypen, die sich in ihren Reaktionen unterscheiden. Der passive Stresstyp bewegt sich unter Stress nur noch langsam und gehemmt, bei extremen Angstzuständen sind die Bewegungen komplett „eingefroren“. Oft hält dieses Pferd die Luft an und verspannt sich dadurch noch mehr, was zusätzlichen Stress verursacht.

Der aktive Stresstyp wird in einer stressigen Situation aufgeregt und hektisch sowie manchmal regelrecht unkontrollierbar. Dieses Pferd flieht panisch vor Angst einflößenden Dingen und stellt für sich und seine Umwelt eine große Gefahr dar.

8

Pferde lieben souveräne Führungspersönlichkeiten, denen sie sich vertrauensvoll anschließen können. Grobheit und unrealistische Erwartungshaltungen, aber auch Unsicherheit sind Faktoren, die uns weit davon entfernen, ein guter „Anführer" für unser Pferd zu sein. Elementar wichtig für eine erfolgreiche, harmonische Zusammenarbeit und ein konzentriertes, leichtes Lernen ist nicht nur für uns Menschen, sondern auch für Pferde und unsere anderen Haustiere eine Führungspersönlichkeit, die Zielstrebigkeit, Charakterfestigkeit, innere Ruhe und damit Vertrauenswürdigkeit ausstrahlt.

Pferde und Menschen, die durch falsch verstandene Dominanz „den Ton angeben wollen", ohne ihrer sozialen und kommunikativen Verantwortung gerecht zu werden, werden langfristig immer gemieden. Man wird zwar unter Umständen ihren „Befehlen" Folge leisten – eine wahre Bindung entsteht jedoch nicht. Das gleiche gilt für Menschen, die keine Sicherheit ausstrahlen. In brenzligen Situationen wird das Pferd immer Verantwortung für sich selbst

Leadership:
Die Kunst des intelligenten Führens

Leadership ist eine Kunst, die es uns ermöglicht, Pferden so zu begegnen, dass sie uns als Leittier akzeptieren und gerne für uns arbeiten. Es gehört zu den wichtigsten Qualitäten eines guten Pferdemenschen, das Vertrauen des Pferdes stets zu erhalten, indem er sich immer berechenbar verhält und alle erwünschten Verhaltensweisen durch positive Motivation fördert.

Leittier Mensch ist akzeptiert: Vertrauensvoll folgt das Pferd dem ranghöheren Menschen. Foto: Slawik

übernehmen und seinen eigenen, vom Instinkt geprägten Entscheidungen folgen.

Erfolgreiche Arbeit mit dem Pferd setzt eine hundertprozentige Präsenz und Konzentration voraus. Führungsqualitäten wie Mut, Verantwortungsbewusstsein, Zielstrebigkeit, Kreativität und Risikobereitschaft werden auf unvergleichliche Art und Weise im Umgang mit dem Pferd erlernt, gefördert und erhalten – eine Schule, durch die alle Führungspersönlichkeiten in der Geschichte, die ja auf das Pferd angewiesen waren, quasi zwangsläufig hindurchgingen und davon nicht unmaßgeblich profitiert haben dürften.

Ein gut arbeitender Pferdemensch ist vor allem reaktionsschnell und kann seinem Pferd dadurch sofortige Rückmeldungen in Form positiver oder negativer Verstärkung zu seinem Verhalten geben – oft dann schon, wenn es gerade dazu ansetzt, etwas zu tun, wenn es quasi das Richtige denkt. So wird keine Gelegenheit übersehen, das Pferd zu belohnen, sodass es möglich ist, erwünschtes Verhalten sehr schnell zu etablieren und umgekehrt unerwünschtes Verhalten sehr schnell aufzulösen. Geschickte Trainer nehmen sich gerade am Anfang ausreichend Zeit, um ein bestehendes Problem zu überwinden. Diese Investition in ein geduldiges und ruhiges Training, bis das Pferd eine Aufgabe sicher verstanden hat, lohnt sich am Ende mehrfach, weil das Pferd sorgfältig gelernt und den Lernmechanismus an sich verstanden hat.

Eine weitere Qualität des guten Ausbilders besteht darin, auch wiederholte Fehler des Pferdes nicht als „persönlichen Angriff" zu verstehen und dementsprechend selbstbeherrscht und geduldig weiterzuarbeiten. Kaum ein Pferd verweigert eine ihm gestellte Aufgabe, weil es aufsässig und ungehorsam ist. Der Grund ist in den allermeisten Fällen eher darin zu suchen, dass es die Aufgabe nicht richtig verstanden hat oder ihm die körperliche Kraft zur vollendeten Ausführung noch fehlt.

Für eine erfolgreiche Erziehung eines Pferdes und sein gelungenes Training muss der Mensch lernen, sehr effizient zu kommunizieren. Körpersprache, Mimik und Stimme sind sehr bewusst und teilweise „übertrieben“ einzusetzen. Das Pferd erhält dadurch eine sehr verständliche Rückmeldung und ist nicht gezwungen, zu erraten, ob es etwas richtig oder falsch gemacht hat. Pferde sind uns in der Wahrnehmung und Deutung von Körpersprache und Mimik überlegen, weil keine Lautsprache sie ablenkt und sie sich darauf konzentrieren können, was Körper und Gesicht ausdrücken. Um das Pferd nicht zu verwirren, sollten natürlich stets die gleichen Signale für die gleiche Aktion gegeben werden.

Ein wesentlicher Punkt ist auch die Einhaltung einer „Hierarchie“ bei der Verwendung von Kommunikationsmitteln. Als Faustregel gilt: An erster Stelle steht die Mimik des Gesichts, dann folgt die Gestik, also die

Eine gute Partnerschaft gründet auf Sympathie und gegenseitigem Respekt – auch zwischen Mensch und Pferd. Foto: Slawik

Körpersprache, und erst dann werden, falls erforderlich, weitere Hilfsmittel eingesetzt. Je nach Situation kann in Verbindung mit den drei Kommunikationssignalen auch die Stimme als Hilfe hinzukommen. Entscheidend ist hierbei auch, was beim einzelnen Pferd am besten ankommt. In meiner Arbeit mit ehemals frei lebenden Mustangs aus Nevada/USA habe ich bemerkt, dass diese Pferde Stimmhilfen überhaupt nicht mögen. Dafür gibt es eine einfache Erklärung: Wildpferde kommunizieren deutlich weniger durch Lautäußerungen als domestizierte Pferde. Kommunikation findet zumeist durch reine Körpersprache oder maximal durch sehr leise Lautäußerungen statt.

Wenn man Wildpferde und domestizierte Pferde in einem Stall gemeinsam unterbringt, kann man oft noch nach Jahren beobachten, wie die Wildpferde unruhig werden, wenn die domestizierten Pferde zur Fütterungszeit zu wiehern beginnen. Im Kopf des Wildpferdes ist zu sehr verankert, dass durch Lautäußerungen Raubfeinde angelockt werden. Daher ist mit wilden oder sehr ursprünglich aufgewachsenen Pferden eine sehr feine nonverbale Kommunikation möglich.

Unsere Pferde, die zumeist schon von Geburt an mit Menschen vertraut sind, nehmen Stimmhilfen zum Teil sehr gut an. Dies liegt darin begründet, dass man in ihrer Früherziehung wirkungsvoll Stimmhilfen mit körperlichen Gesten verknüpft hat. Diese Pferde haben früh gelernt, dass gewisse Wörter eine Bedeutung haben und eine Konsequenz nach sich ziehen. Rufe ich mein Pferd, wenn es auf der Weide steht und gebe ihm dann einen leckeren Apfel, verknüpft das Pferd diesen Laut mit einer angenehmen Konsequenz. Ob das Pferd auf diese Weise seinen Namen lernt ist ungewiss, aber immerhin wird es, selbst wenn man nur die Intervallverstärkung anwendet, freudig zu uns kommen in der Erwartung, dass es mit Futter belohnt wird.

8.1 Beliebter Chef: Die natürliche Autorität

Vielen Pferdeliebhabern ist nicht klar, welche immens wichtige Rolle die natürliche Autorität des Menschen bei der Ausbildung und generell für den erfolgreichen Umgang mit Pferden spielt. Anstatt die Rangverhältnisse durch sicheres und routiniertes Verhalten gegenüber dem Pferd festzulegen, beschäftigen sie sich damit, ihr Pferd monate- oder auch jahrelang an gewisse Dinge zu „gewöhnen“ oder andere Dinge erfolglos abzutrainieren. Dies ist nicht nur für alle Beteiligten eine immense Geduldsprobe, sondern bleibt bei ungeklärtem Dominanzverhältnis schlichtweg der falsche Ansatz.

Die natürliche Autorität, die nicht mit Härte oder Gewalt verwechselt werden darf, ist leider allzu selten vorhanden und wird bedauerlicherweise auch in keinem dafür zuständigen Lehrinstitut hinreichend unterrichtet. Selbstverständlich geht es hier nicht um den hilflosen Ratschlag mancher Ausbilder, doch einmal kräftig von Sporen, Gerte oder Peitsche Gebrauch zu machen. Wir erinnern uns: Gewalt beginnt dort, wo Wissen endet.

Dem Pferd bietet ein souveräner und hochkonzentrierter Ausbilder Sicherheit, sodass es den Hilfen gerne Folge leisten wird.
Foto: Slawik

Im Gegenteil ist es sogar so, dass ein Mensch von seinem Pferd umso rangniedriger eingestuft wird, je eher er dazu bereit ist, Gewalt bei der Ausbildung und Erziehung einzusetzen. Je höher ein Pferd in der Hierarchie der Herde angesiedelt ist, desto weniger ist es erforderlich, diese Position durch Aggressivität oder potenzielle Gewaltbereitschaft zu untermauern. Ranghohe Pferde dominieren durch ihre intelligente, gereifte Persönlichkeit, durch ihre würdevolle Ausstrahlung und dadurch, dass sie erfolgreich den Anschein erwecken, genau zu wissen, was sie wollen. Sie können sehr eindeutig und effizient kommunizieren und sind überdies emotional souverän, denn ranghohe Tiere sind keine Streitsucher, sondern freundliche Individuen, die über eine hohe soziale Kompetenz verfügen. Diese Eigenschaften sind für die Rangfolge weitaus wichtiger als äußere physische Merkmale wie Körpergröße oder Kraft und lassen sich uneingeschränkt auf den Menschen übertragen. Wir dürfen nie vergessen, dass der Mensch dem Pferd physisch ohnehin weit unterlegen ist.

Natürliche Autorität bedeutet, dass sich das Pferd in unserer Gegenwart entspannen kann, weil es unser konsequentes Verhalten nachvollziehen und verstehen kann. Wenn wir die Perspektive des Pferdes als Fluchttier anerkennen, können wir uns wie ein aufmerksames Leittier bemühen, mögliche Gefahrenquellen als Erstes wahrzunehmen und dem Pferd dann signalisieren, dass wir die potenzielle Gefahr bemerkt haben, sie aber als nicht gefährlich einstufen. Daraus resultiert, dass es uns vertraut, unseren Entscheidungen willig Folge leistet und uns ganz allgemein als Leittier und Orientierungshilfe annimmt.

8.2 Fröhlich an die Arbeit: Stimmungsübertragung beim Training

Als wir uns das Prinzip der Stimmungsübertragung (siehe Kap. 3.5) genauer angeschaut haben, konnten wir feststellen, dass dies bei der Sozialisation des Fohlens in der Herde eine wichtige Rolle spielt. Pferde verständigen sich untereinander durch die Zeichen ihrer Körpersprache, wann sie sich zum Beispiel gegenseitig kraulen möchten, spielen und toben wollen oder wann eine Flucht angebracht ist. Die Aufmerksamkeit der rangniedrigeren Tiere liegt dabei stets bei den Ranghöheren, die mehr Lebenserfahrung mitbringen und schnell die richtigen, für das Überleben wichtigen Entscheidungen treffen.

Dieses Prinzip lässt sich nun wunderbar auf unser Training übertragen. Pferde spiegeln durch ihr Verhalten immer auch die Seele ihrer Bezugspersonen wider – eine Tatsache, für deren Anerkennung es vielen Menschen leider an der nötigen Selbstreflektion mangelt. Ein von Natur aus ängstlicher und verspannter Mensch überträgt diese Lebenseinstellung in kürzester Zeit auf sein Pferd. Gleiches gilt für die (latent) aggressiv-verspannten Typen. Ihre Pferde knirschen zum Beispiel beim Reiten mit den Zähnen oder können ihre innere Anspannung nur dadurch abbauen, dass sie Verhaltensauffälligkeiten wie das Koppen, Weben oder rastloses Umherlaufen in der Box entwickeln.

Wie wir erfahren haben, funktioniert das Prinzip der Stimmungsübertragung aber genauso auch bei positiven Gefühlen. Darauf wollen wir uns im Folgenden konzentrieren. Jedes Pferd arbeitet fröhlich und zuversichtlich, wenn der Trainer dieses Gefühl selbst vorlebt. Bei geklärter Rangfolge zwischen Pferd und Mensch wird die Stimmung oder (momentane) Lebenseinstellung des „Leittieres Mensch“ automatisch von dem rangniedrigeren Partner Pferd übernommen. Auf diesem Mechanismus gründet die Erkenntnis, dass der Umgang mit Pferden die Persönlichkeit eines Menschen immer weiter fördert und stärkt. Pferde sind somit von Natur aus die besten Persönlichkeitstrainer, die man sich wünschen kann, wenn man dieses Grundprinzip einmal verstanden hat.

Im Negativbeispiel stellen wir uns wieder einen Reiter vor, der Angst hat, weil sich das Pferd ständig erschrickt. Die Spannung des Pferdes hat sich erfolgreich auf den Menschen übertragen und schaukelt sich zwischen beiden immer weiter hoch. Ein Reiter mit guten Führungsqualitäten hingegen wird dem Gefühl der Angst auf Seiten des Pferdes Entspannung und Gelassenheit entgegensetzen. Nur wenn ein Pferd nicht das erforderliche Vertrauen zu seinem Menschen hat, wird und muss es die

Frei vom Ärger des Alltags, nur noch mit dem Partner Pferd beschäftigt: Die positive, entspannte Stimmung überträgt sich vom einen zum anderen. Foto: Slawik

Entscheidungen, die sein persönliches Leben betreffen, immer eigenmächtig treffen. Hat ein Mensch sich für das Pferd wiederholt als unbrauchbares Leittier erwiesen oder ist die Rangfolge stets ungeklärt, ist das Pferd unglücklich, gestresst und überfordert. Die Beziehung verschlechtert sich oft immer mehr und eine harmonische Zusammenarbeit ist kaum noch möglich.

Für unsere tägliche Arbeit bedeutet dies, dass wir unserem Pferd möglichst frei von den negativen aufgestauten Gefühlen unseres Alltags begegnen sollten. Aufgestaute Wut kann natürlich auch in etwas Positives umgewandelt werden. Ihr Pferd freut sich sicherlich, wenn Sie es vor der Arbeit besonders gründlich putzen und man selbst kann dabei herrlich entspannen. Wir alle haben es selbst schon erlebt: Der Versuch, aufgestauten Ärger am Pferd auszulassen, rächt sich. Das Pferd reagiert meist besonders störrisch und unser Frust ist hinterher noch größer. Besser ist es daher, sich auf das Zusammensein mit dem Pferd zu freuen und positive Empfindungen zu kultivieren. Dazu gehört eine gewisse Selbstdisziplin, von der wir auch in allen anderen Bereichen des Lebens profitieren. Die enorme Sensibilität unserer Pferde, wenn es darum geht, Stimmungen zu identifizieren, sollte uns dazu veranlassen, lieber einen gemeinsamen Spaziergang durch die Natur zu unternehmen, als das Pferd als „Blitzableiter" in der Reithalle zu benutzen, wenn wir es einmal nicht schaffen, unsere Probleme und Spannungen vor dem Betreten des Stalls abzulegen.

Es kommt uns selbst zugute, wenn wir uns immer wieder die positiven Dinge vor Augen halten und anerkennen, was unser Pferd bereits alles kann und gelernt hat. Auch Dankbarkeit zu empfinden kann helfen, negative Gefühle zu vermindern oder auszulöschen. Es gibt so vieles, wofür wir dankbar sein können: Allein die Tatsache, Zeit mit seinem Pferd verbringen zu können, sollte Grund genug für ein strahlendes Lächeln sein.

8.3 Schöne Herausforderung: Wie erziehe ich mir ein intelligentes Pferd?

Damit wir unser Pferd erfolgreich erziehen und trainieren können, muss es zunächst einmal das Lernen an sich erlernen. Das Mittel, dessen wir uns dazu bedienen, ist die Verstärkung – sowohl in positiver als auch in negativer Form, denn leider kann ein Pferd nicht ausschließlich durch positive Verstärkung erzogen und ausgebildet werden. Pferde lernen allerdings viel lieber und langfristig auch mit wesentlich mehr Freude durch unseren korrekten Ausdruck von Lob und Anerkennung. Mal ehrlich: Unsere Zeit mit dem Pferd ist doch viel zu kostbar, als dass man es beschimpfen oder schlagen sollte! Einem verantwortungsvollen Pferdebesitzer ist der harmonische Umgang und das Wohlergehen seines Tieres wichtig, und daran sollte er auch sein Handeln orientieren.

Es ist unendlich wertvoll, schon möglichst früh und systematisch mit der Erziehung und Ausbildung eines Pferdes zu beginnen. Macht schon das Fohlen Erfahrungen in der Ausführung der konditionierten Reaktionen, wird es immer schneller lernen und das Einüben komplexerer Trainingselemente im späteren Leben wird ihm leicht fallen, weil es exzellent vorbereitet wurde.

Beobachten Sie Ihr Pferd genau, machen Sie sich mit ihm vertraut! Dann können Sie besser einschätzen, ob Sie es möglicherweise unter- oder überfordern, und entsprechend die Ausbildung individuell anpassen. Manche Pferde langweiligen sich schnell und brauchen ein sehr abwechslungsreiches Training, andere benötigen mehr Zeit, bis sie eine Aufgabe sicher absolvieren. Nicht zu vergessen ist, dass Pferde nicht nur aufgrund einer negativen Art des Trainings frustriert sind, sondern auch durch nicht optimale Haltungsbedingungen.

Auch über die richtigen Lernmethoden sind Pferde in ihrem Verhalten nicht beliebig manipulierbar – ihre grundsätzlichen Ansprüche an eine artgerechte Haltung und Pflege bleiben zum Glück immer erhalten. Hier ist es Aufgabe des Menschen, grundsätzlich zu analysieren und äußere Umstände, die ein Pferd unglücklich sein lassen, zu verbessern. Dazu gehört letztlich auch die ehrliche Einschätzung, ob Sie und Ihr Pferd zusammen passen oder ob es bei einem anderen Besitzer, mit anderen Ansprüchen, besser aufgehoben ist und Sie dafür ein anderes Pferd wesentlich glücklicher machen könnten.

Ein Pferd, das zu lernen gelernt hat und zudem von Ihnen erfahren hat, dass das Lernen etwas Positives ist, zeigt eine überdurchschnittliche Lernbereitschaft. Enttäuschen Sie Ihr Pferd nicht, indem Sie Übungen endlos wiederholen oder sich selten etwas Neues einfallen lassen. Für Sie selbst ist es ein großer Schritt, die eigene Perspektive immer wieder zu überdenken: Erkennen Sie selbst die positiven Lernerfolge, die Sie bereits verbuchen können, an. Loben Sie sich und Ihr Pferd ausgiebig für eine erfolgreiche Arbeit. Nehmen Sie Rückschläge nicht so wichtig – besser als jede Verbissenheit ist allemal, nach kreativen Lösungen bei Problemen zu forschen.

Ein intelligentes Pferd kann eine Herausforderung sein. Ich hoffe, dieses Buch hat Ihnen genügend Anregungen gegeben, damit Sie Lust auf diese Herausforderung haben, die von Pferd und Mensch viel Kreativität verlangt, aber auch tolle, erfolgreiche Wege eröffnet. Ich wünsche Ihnen viel Spaß beim gemeinsamen Lernen mit Ihrem Pferd!

Harmonie und Vertrauen: Mit diesen besten Grundvoraussetzungen werden Sie und Ihr Pferd gemeinsam Spaß am Lernen haben. Foto: Slawik

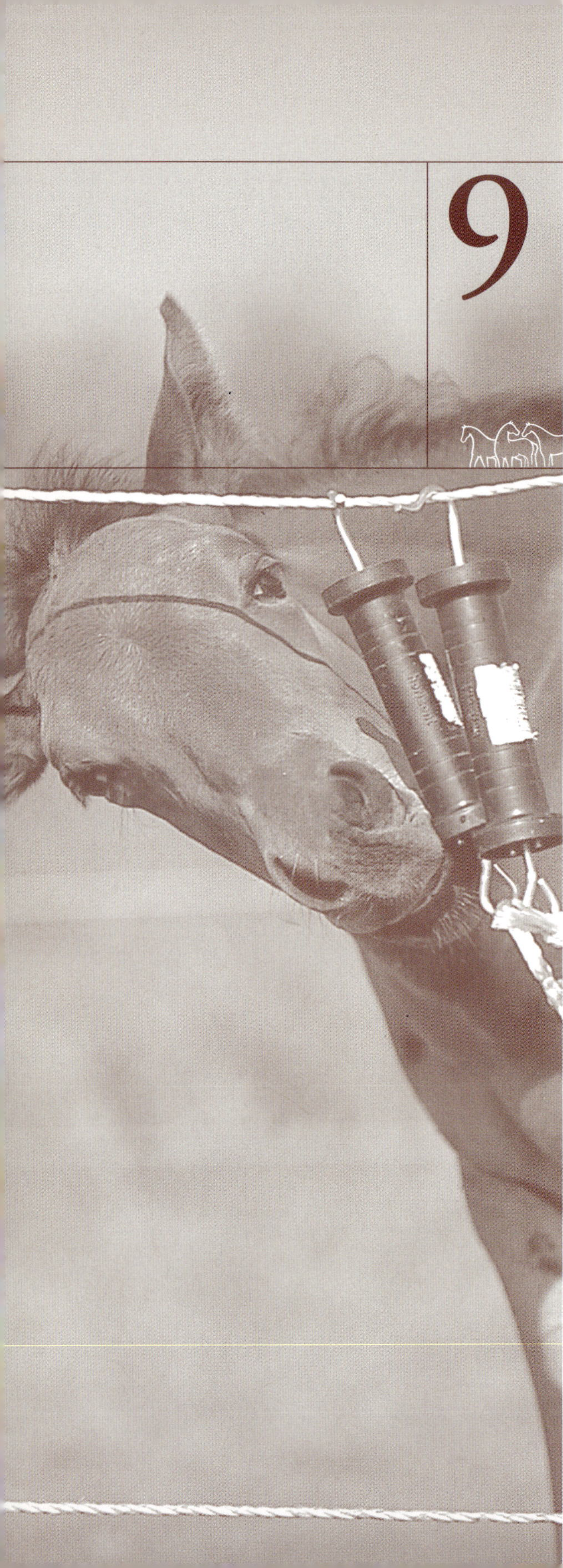

9

Tipps zum Weiterlesen

Miller, Robert M.:
Prägungstraining,
Kierdorf Verlag, Wipperfürth, 1995.

Roberts, Monty:
Die Sprache der Pferde,
Lübbe Verlag, Bergisch Gladbach, 2002.

Kraemer, Monika:
Pferde erfolgreich motivieren,
Kosmos Verlag, Stuttgart, 1998.

Budd, Jackie:
Pferde besser verstehen,
BLV Verlag, München, 1996.

Abdel-Kader, Dorothee :
So lernen Pferde,
BLV Verlag, München, 2002.

Informationen im Internet
zur Autorin und ihrer Arbeit:
www.lindaweritz.de
www.intelligenthorsemanship.de